KB178972

슈뢰딩거가 들려주는 양자 물리학 이야기

슈뢰딩거가 들려주는 양자 물리학 이야기

초 판 1쇄 발행일 | 2006년 1월 24일
개정판 1쇄 발행일 | 2010년 9월 1일
개정판 13쇄 발행일 | 2021년 5월 31일

지은이 | 곽영직
펴낸이 | 정은영
펴낸곳 | (주)자음과모음

출판등록 | 2001년 11월 28일 제2001-000259호
주 소 | 04047 서울시 마포구 양화로6길 49
전 화 | 편집부 (02)324-2347, 경영지원부 (02)325-6047
팩 스 | 편집부 (02)324-2348, 경영지원부 (02)2648-1311
e-mail | jamoteen@jamobook.com

ISBN 978-89-544-2079-2 (44400)

슈뢰딩거가
들려주는

양자 물리학 이야기

| 곽영직 지음 |

(주)자음과모음

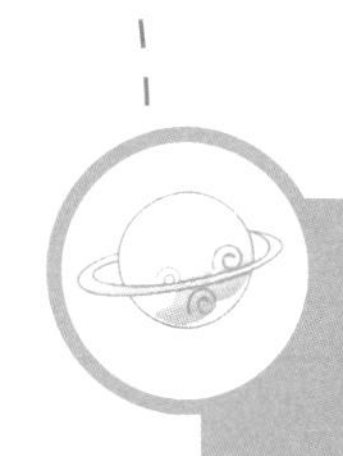

슈뢰딩거를 꿈꾸는 청소년을 위한 '양자 물리학' 이야기

현대 과학이 시작된 지도 이미 100년이 지났습니다. 현대 과학은 상대론과 양자 물리학을 두 축으로 하고 있습니다. 지금은 현대 과학이 시작된 지 100년가량 지났으므로 상대론과 양자 물리학은 현대인들의 상식이 되어 있어야 할 것입니다.

그러나 안타깝게도 아직까지 상대론과 양자론을 배울 수 있는 곳은 그리 많지 않습니다. 그것은 아마 상대론과 양자론을 우리의 일상생활과는 관련 없는 어려운 이론으로만 생각했기 때문일 것입니다.

양자 물리학 이야기를 쓰면서 이 글을 읽을 학생들의 얼굴을 떠올려 보았습니다. 그리고 학생들이 어렵다는 표정을 짓지 않도록 하기 위해 많은 이야기를 넣어 보기도 하고 빼 보기도 하면서 여러 번 고쳐 썼습니다.

《슈뢰딩거가 들려주는 양자 물리학 이야기》를 통해 하고자 하는 이야기는 단 한 가지입니다. 양자 물리학이란 불연속적인 물리량을 파동 방정식인 슈뢰딩거 방정식으로 다루고 그 결과를 확률적으로 해석하는 물리학이라는 것입니다. 이 한마디가 이 책 전체의 주제이고 핵심 내용입니다. 이 내용을 이해시키기 위해 물리적 설명을 해 보기도 하고, 동화 같은 이야기를 곁들이기도 했습니다.

이 이야기가 양자 물리학으로 통하는 길잡이가 될 수 있다면 큰 보람으로 느껴질 것입니다.

좋은 책을 만들어 주신 편집자 여러분께 감사드립니다.

곽 영 직

차례

부록

첫 번째 수업 1

슈뢰딩거를 기억해 주세요

슈뢰딩거는 어떤 사람이었을까요?
슈뢰딩거에 대해서 자세하게 알아봅시다.

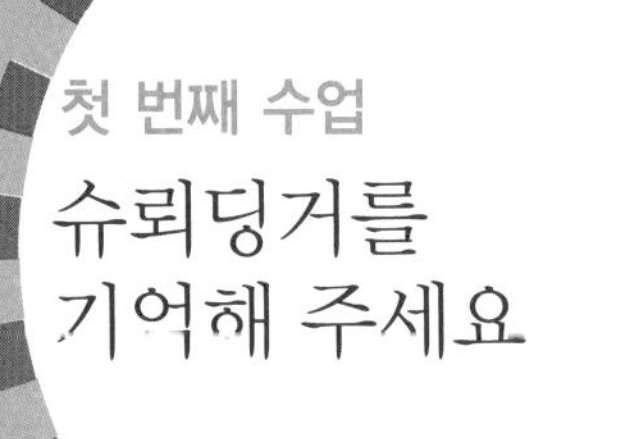

1

첫 번째 수업

슈뢰딩거를 기억해 주세요

교. 과. 연. 계.

중등 과학 3	3. 물질의 구성
고등 물리 I	4. 파동과 입자
고등 물리 II	3. 원자와 원자핵

슈뢰딩거가 자신을 소개하며 첫 번째 수업을 시작했다.

여러분, 안녕하세요? 나는 지금부터 80여 년 전에 오스트리아 빈에서 살았던 에어빈 슈뢰딩거입니다. 내가 살던 빈은 유럽의 문화와 학문의 중심지였습니다. 카페와 식당에서는 젊은 학생들이 철학, 문학, 과학의 주제들을 가지고 열띤 토론을 벌였습니다. 따라서 빈에는 서점도 많았지요. 하지만 책이 그렇게 많지는 않았습니다. 나는 필요한 책을 구하기 위해 여러 서점을 돌아다녀야 했고, 때로는 외국에 주문해야 했습니다. 그때 나는 책만 많다면 공부하기가 얼마나 편할까 하는 생각을 늘 했었지요.

그런데 나는 요즘의 서점을 보고 깜짝 놀랐습니다. 서점에 책이 산더미처럼 쌓여 있더군요. 없는 책이 없는 것 같았습니다. 서점이 어찌나 큰지 같이 간 사람을 잃어버리면 찾기가 쉽지 않을 것 같았습니다. 그런데 더 놀라운 것은 책들 중에 과학의 원리들을 설명해 놓은 과학책이 많다는 거였습니다. 그것도 80년 전에 살던 나 같은 과학자들은 이해할 수 없는 내용들을 아주 쉽게 설명해 놓은 책들이 많았습니다. 또 수많은 과학자들이 자신의 전공 분야를 직접 설명한 책들도 나와 있었습니다. 그래서인지 요즘 학생들은 예전의 과학자들에 대해서도 잘 알고 있는 것 같아요.

그런데 좀 서운한 생각이 들더군요. 뉴턴부터 아인슈타인에 이르기까지 많은 과학자들에 대해서는 잘 알고 있는 학생들이 나에 대해서는 별로 아는 것이 없기 때문이었습니다. 내 이름도 모르고 있으니 내가 어떤 일을 했는지는 더욱 알리가 없지요.

몇몇 학생들에게 양자 물리학이란 무엇인지 물어보았습니다. 그랬더니 어떤 학생은 두 사람이 잘 해결해야 하는 학문이 아니냐고 대답했습니다. 양자 물리학이라고 하니까 한 사람이 아닌 두 사람이 서로 협력해서 연구해야 하는 학문이라고 생각한 것이었지요. 나는 할 말을 잃었습니다.

나도 뉴턴이 위대한 과학자라는 것은 인정합니다. 뉴턴(Isaac Newton, 1642~1727)은 사람들이 2,000년 동안이나 옳다고 믿어 오던 고대 과학이 틀렸다는 것을 밝혀내고, 힘과 운동의 올바른 관계를 밝혀내 근대 과학의 기초를 만든 사람이니까요. 그러니 뉴턴을 위대한 과학자라고 한다고 해서 서운해할 일은 아니지요. 뉴턴 역학 덕분에 고층 건물을 짓고, 길을 닦고, 자동차를 만들 수 있었으니까요.

한편 아인슈타인(Albert Einstein, 1879~1955)은 뉴턴 역학이 항상 옳은 것이 아니라는 것을 밝혀낸 사람입니다. 뉴턴 역학도 일부 수정을 해야 하고, 그런 수정을 통해서만 자연 현상이나 우주의 구조를 제대로 설명할 수 있다고 주장한 사람이니 아인슈타인 역시 위대한 과학자인 것은 틀림없습니다.

하지만 뉴턴 역학과 아인슈타인의 상대성 이론만으로는 원자나 분자를 제대로 이해할 수 없습니다. 만약 뉴턴 역학이나 아인슈타인의 상대성 이론만 있었다면 원자보다 작은 전

자나 양성자 같은 작은 알갱이들에 대해서는 전혀 몰랐을 것입니다. 그러면 전자 공학도 컴퓨터도 없었을 것입니다. 여러분이 자주 사용하는 컴퓨터나 게임기 속에서 실제로 일을 하는 것들은 눈에 보이지 않을 정도로 작은 전자들입니다. 컴퓨터나 게임기 속에서는 수많은 전자들이 우리가 키보드를 누르거나 조이 스틱을 조종하는 대로 여러 가지 그림과 소리를 만들어 내고 있어요. 전자들은 우리의 명령에 따라 일을 하는 것입니다.

전자들이 이렇게 말을 잘 듣는 것은 우리가 전자들에 대해 속속들이 알고 있기 때문입니다. 어떻게 우리는 눈에 보이지도 않는 전자들에 대해 모든 것을 알아내고 그것들을 마음대로 부릴 수 있게 되었을까요? 그 일을 모두 나 혼자서 했다고는 말하지 않겠습니다. 하지만 그 일을 한 많은 사람들 중에서 가장 중요한 역할을 한 사람을 꼽으라면 내 이름을 대야 할 것입니다. 원자보다 작은 세계에서 일어나는 일들을 밝혀내는 것이 양자 물리학이고, 그 중심에 내가 만들어 낸 방정식이 있기 때문입니다. 그 방정식 이름이 바로 슈뢰딩거 방정식입니다.

그런데 많은 학생들이 양자 물리학을 잘 모르고 있는 것 같습니다. 그것은 내가 만든 양자 물리학이 너무 어렵기 때문일 거라고 생각됩니다. 학생들이 양자 물리학을 잘 이해하고 얼마나 중요한 것인지 알게 하려면 내가 직접 모든 학생들이 잘 이해할 수 있도록 아주 쉽고 재미있게 양자 물리학을 설명해 주는 방법밖에 없다고 생각하게 되었습니다. 이제 왜 내가 양자 물리학 강의를 시작하는지 이해할 수 있을 거예요. 양자 물리학은 알면 좋고, 몰라도 되는 그런 과학이 아닙니다. 현대인이라면 누구나 꼭 알아야 하는 가장 기초적이고 중요한 과학입니다. 그러니까 지금부터 내 강의를 잘 들어야겠지요?

본격적인 양자 물리학 이야기를 하기 전에 내 소개를 먼저

하겠습니다. 나는 1887년 8월 12일에 오스트리아의 빈에서 태어났습니다. 아버지는 할아버지로부터 화학 공장을 물려받아 경영하던 사업가였고, 어머니는 영국인 과학자였던 알렉산더 바워의 딸이었지요. 나는 형제가 없는 외아들이었습니다. 그래서 어려서부터 이모들과 같이 자랐습니다.

나는 초등학교는 다니지 않았습니다. 집안이 어려워서 학교에 다닐 수 없었던 것이 아니라 학교에 다니는 대신 가정교사에게 개인적으로 교육을 받은 것입니다. 그때는 그렇게 공부하는 사람들이 많았어요. 하지만 대학에 가기 위해서 인문 학교에는 다녀야 했지요. 내가 빈의 베토벤 광장에 있는 인문 학교에 입학한 것이 열한 살 때이고, 졸업한 것이 열아홉 살 때이니까 인문 학교는 한국에서는 중학교와 고등학교에 해당된다고 할 수 있습니다.

처음에 부모님은 내가 인문 학교에 가서 다른 학생들에게 뒤지지 않고 공부를 잘할 수 있을까 하고 염려하셨다고 합니다. 하지만 나는 인문 학교에서 하는 공부가 재미있었습니다. 어떤 사람은 무슨 일이든지 열심히 하는 사람보다 좋아서 하는 사람이 잘한다고 합니다. 나는 공부를 열심히 하기도 했지만 그보다는 공부가 좋아서 하는 학생이었습니다. 세상에 공부하는 것이 좋은 사람이 어디 있느냐고 말하는 사람도 있겠지만 나는 정말 공부가 재미있었습니다.

나는 열아홉 살이 되던 1906년에 빈 대학의 물리학과에 입학했습니다. 빈 대학의 물리학과는 유명한 과학자들을 많이 배출한 유명한 학과였습니다. 그중에는 도플러 효과를 알아낸 도플러, 열역학의 발전에 많은 공헌을 한 슈테판과 볼츠만도 있었습니다. 이런 전통 있는 대학의 물리학과에서 공부할 수 있었던 것은 나에게 참 다행스러운 일이었어요.

내가 박사 학위를 받고 졸업한 것은 1910년이었습니다. 대학에 입학하고 4년 만에 박사 학위를 받았다니 놀라는 사람도 있을 거예요. 하지만 그때는 그런 학생들이 많았으니까 그다지 특별한 일은 아니었습니다. 대학을 졸업한 후에는 군대에 가서 1년 동안 훈련을 받았습니다. 1년 동안 훈련을 받은 후에는 시험에 합격하여 예비역 소위로 임명되었습니다. 그래서 1년 후에는 다시 대학으로 돌아와 조교를 하면서 교수가 되기 위해 논문을 준비했습니다.

아인슈타인이 빈 대학에 와서 강연을 한 것은 이때쯤이었습니다. 1913년의 일이었으니까 아인슈타인이 특수 상대성 이론을 발표하고 일반 상대성 이론을 준비하고 있을 때였지요. 아인슈타인은 그때 이미 세계적으로 알려진 과학자였기 때문에 그의 강연을 듣기 위해 많은 사람들이 모여들었습니

다. 나도 아인슈타인의 강연에 많은 감명을 받았고 그것은 훗날 나의 연구에 큰 힘이 되었습니다.

논문을 제출하고 교수 자격증을 딴 것은 1914년 봄이었습니다. 대학에서 강의를 하려면 이 자격증이 필요했습니다. 이제는 대학에서 학생들을 가르치면서 본격적으로 연구를 할 수 있겠구나 싶었는데 뜻하지 않은 일이 벌어졌습니다. 제1차 세계 대전이 일어난 것입니다. 당시 예비역 소위였던 나도 징집 명령을 받고 1914년 7월에 다시 군에 입대해야 했습니다.

제1차 세계 대전은 독일과 오스트리아가 주축이 된 동맹국과 영국, 프랑스, 러시아가 주축이 된 협상국 사이의 전쟁입니다. 유럽의 거의 모든 국가가 참전하였고 미국과 일본도 참전하여 1914년부터 1919년까지 계속되었습니다. 이 전쟁으로 양 진영에서 수백만 명의 젊은이들이 목숨을 잃었고 무수한 사람들이 삶의 터전을 잃고 헤매야 했습니다. 나는 이 전쟁을 통해, 전쟁이 얼마나 참혹한 것인지를 잘 알게 되었습니다.

제1차 세계 대전이 끝난 후 나는 다시 빈 대학으로 돌아왔습니다. 하지만 모든 사정이 예전과 달라져 있었습니다. 대학 사정도 말이 아니었지만, 개인적으로 아버지가 하시던 사업이 어려워져 문을 닫을 수밖에 없었습니다. 그래서 나는 경제적으로도 매우 어려운 시절을 보내야 했습니다. 이 시기에 내가 여러 가지 다양한 철학들을 공부할 수 있었던 것은 지금 생각해 보면 참 다행스러운 일이었던 것 같습니다. 나는 유럽 철학은 물론 동양 철학까지 공부했습니다.

이런 공부가 후에 양자 물리학에 대한 나의 연구에 어떤 식으로 도움이 되었는지 정확하게 말할 수는 없지만 나의 인생에 여러 가지로 영향을 주었다는 것은 확실합니다. 철학을 공부하면서 물리학에 대한 연구도 게을리하지 않았습니다. 그 당시에는 주로 빛과 색채에 관한 성질을 연구했습니다. 하지만 대학의 조교 월급만으로는 생활을 해 나기가 어려웠습니다.

그래서 좀 더 나은 대우를 해 주는 곳을 찾아 독일과 스위스의 대학들로 옮겨 다녔습니다. 심지어 18개월 동안 세 번씩이나 이사를 해야 한 적도 있었습니다. 이것은 그 당시 전쟁에 패한 독일이나 오스트리아의 형편이 얼마나 어려웠는지를 잘 나타내 주는 것이라고 할 수 있습니다.

이런 어려움 속에서도 나는 연구를 계속했습니다. 시간이 지남에 따라 사정이 조금씩 나아지자 본격적으로 물리학 연구에 몰두할 수 있었습니다. 어려운 일을 겪고 나면 사람이

더욱 강해지나 봅니다. 그 후 내가 양자 물리학이라는 새로운 물리학을 수립할 수 있었던 것은 전쟁 동안 겪었던 어려운 일들이 힘이 되었기 때문입니다. 내 이름을 붙인 슈뢰딩거 방정식을 제시하여 양자 물리학을 완성한 것은 1926년이었습니다. 제1차 세계 대전이 끝나고 7년이 지난 때였습니다. 그리고 이 일로 노벨 물리학상을 받은 것은 1933년의 일이었습니다.

내가 만들어 낸 슈뢰딩거 방정식은 전자가 어떻게 움직일지를 예측할 수 있는 것으로, 양자 물리학에서 가장 중요한

공식입니다.

그렇다면 이제부터 양자 물리학이 무엇이고, 슈뢰딩거 방정식이 무엇인지 본격적으로 설명해야 할 것 같습니다. 양자 물리학이나 슈뢰딩거 방정식은 생각보다 복잡한 것이어서 그것을 만든 나조차도 쉽게 잘 설명할 수 있을까 벌써부터 걱정이 됩니다. 하지만 여러분이 내 강의를 열심히 들어 준다면 잘해 낼 수 있을 거라고 생각합니다.

만화로 본문 읽기

안녕하세요. 저는 전자돌이입니다. 양자 물리학을 창시한 슈뢰딩거 선생님에 대해서 알아보겠습니다.

사내아이입니다.
이름을 슈뢰딩거라고 합니다.
슈뢰딩거 선생님은 오스트리아 빈에서 1887년 8월 12일 태어났습니다.

슈뢰딩거 선생님은 19세에 대학에 입학하여 4년 만에 박사 학위를 받으셨습니다. 물론 그 당시에는 이런 경우가 흔했답니다.

1년 동안 군대에 있다가 대학으로 돌아온 선생님은 아인슈타인의 강의에 큰 감명을 받으셨답니다.
아인슈타인 박사님의 이론은 너무 대단한걸!

제1차 세계 대전이 일어나자 선생님은 징집 명령을 받고 1914년 7월에 다시 군에 입대해서 전쟁이 끝난 후 다시 대학으로 돌아왔습니다.

노벨상 시상식
7년 후 선생님은 자신의 이름을 딴 슈뢰딩거 방정식을 제시하여 양자 물리학을 완성하였으며, 이것으로 노벨상을 수상했답니다.

두 번째 수업 2

꼬마 나라로의 여행

에너지 알갱이는 무엇일까요?
꼬마 나라에 간 과학자를 통해 에너지의 또 다른 속성을 알아봅시다.

2

두 번째 수업

꼬마 나라로의 여행

교과연계.

중등 과학 3	3. 물질의 구성
고등 물리 I	4. 파동과 입자
고등 물리 II	3. 원자와 원자핵

슈뢰딩거가
한 과학자에 대한 이야기로
두 번째 수업을 시작했다.

양자 물리학 이야기를 하기 전에 내가 잘 알고 있는 어떤 과학자 이야기부터 해 보겠습니다.

그 과학자는 연구도 열심히 했지만 공상 과학 소설을 쓰는 것도 좋아하던 사람이었습니다. 비가 추적추적 내리는 어느 날 그는 자동차를 타고 시골길을 달리고 있었습니다. 비는 계속 내리고 해마저 져 버려 순식간에 사방을 분간할 수 없을 정도로 어두워졌습니다. 결국 그는 길을 잃고 말았습니다. 방향도 분간할 수 없을 정도로 어두워지자 길을 따라 똑바로 앞으로 달리는 수밖에 다른 도리가 없었습니다. 그러다가 급

커브에서 미처 핸들을 틀지 못해 절벽 아래로 떨어져 버리고 말았습니다. 자동차가 하늘로 붕 떠오르는가 싶더니 여기저기 부딪치면서 굴러떨어지기 시작했습니다. 자동차가 절벽으로 굴러떨어지는 순간 이젠 죽었구나 하는 생각이 든 이 과학자는 자동차 문을 열고 뛰어내렸습니다. 그러고는 땅에 떨어져서 정신을 잃고 말았습니다.

한참 후에 정신을 차린 그는 밧줄로 꽁꽁 묶여 있는 자신을 발견했습니다. 손과 발이 다 묶여 있어 몸을 움직일 수 없었지만 특별히 아픈 곳은 없었습니다. 자동차에서 뛰어내린 후에 나무와 땅에 부딪쳤는데 다친 곳이 하나도 없다는 것이 이상하다는 생각이 들었지만 살아 있다는 생각에 안심했습니다. 그러나 꽁꽁 묶여 있는 자신의 앞날이 어떻게 될지 걱정이 됐습니다. 묶인 채로 깜깜한 곳에 누워 이런저런 생각을 하던 과학자는 어느새 잠이 들어 버렸습니다. 얼마를 잤을까, 밝은 햇살에 눈이 번쩍 뜨였습니다. 과학자는 일어나려고 했지만 꼼짝도 할 수 없었습니다. 여전히 온몸이 꽁꽁 묶여 있었기 때문이었습니다. 사방을 둘러보았지만 아무것도 보이지 않았습니다. 자신이 왜 이런 곳에 와 있는지, 그리고 누가 자신을 묶어 놓고 와 보지도 않는지 도저히 알 수 없었습니다. 그리고 또 이상한 점이 있었습니다. 자신을 묶고 있는 줄은 굵은 동아줄이 아니라 거미줄만큼 가는 줄이었습니다. 그리고 그 줄은 온몸에 수없이 감기고 또 감겨 있었습니다. 그렇게 가는 줄을 한 번도 본 적이 없던 과학자는 당황스러웠습니다.

이러지도 저러지도 못하고 그냥 누워 있는데 어딘가에서 작은 소리가 들렸습니다. 그래서 고개를 돌려 보니 수많은 개미처럼 생긴 것들이 자신의 주위에 몰려 있었습니다. 그런데 자세히 보니 개미가 아니었습니다. 너무 작아서 모양을 뚜렷이 볼 수는 없었지만 작은 사람들임에 틀림없었습니다.

우리가 보통 말하는 난쟁이와는 비교도 할 수 없을 정도로 작은 사람들이었습니다. 그러니까 이 과학자는 《걸리버 여행기》에 나오는 소인보다 훨씬 더 작은 사람들이 사는 나라에 온 것이었습니다. 꼬마 사람들이 과학자 주위에 몰려들어 말을 하고 있었지만 그 소리가 너무 작아 도저히 무슨 이야기를 하는지 알아들을 수가 없었습니다. 모기가 윙윙거리는 소리로만 들릴 뿐이었습니다.

처음에 그 과학자는 당황스러웠습니다. 소설인 《걸리버 여행기》에 나오는 소인국 같은 나라가 실제로 존재한다고 생각하니 꿈인지 생시인지 분간할 수 없을 정도였습니다. 그러나 문제는 여기서 어떻게 탈출하느냐 하는 것이었습니다. 몸을 묶고 있는 줄만 풀면 꼬마 사람들로부터 탈출하는 것은 식은 죽 먹기일 테지만 줄이 생각보다 훨씬 단단해서 쉽게 끊을 수가 없었습니다.

그때 꼬마 사람들 중에 몇 사람이 밧줄을 타고 얼굴로 기어 올라왔습니다. 얼굴이 간질거려 기침이 나오려고 했지만 참았습니다. 혹 기침을 했다가 얼굴에 기어 올라왔던 꼬마 사람들이 날아가 다치기라도 하면 이곳에서 영영 풀려나지 못할 거라는 생각이 들었기 때문이었습니다. 얼굴로 올라온 꼬마 사람들은 마치 등산가들이 암벽 등반을 하는 것처럼 작은 바늘을 얼굴에 꽂은 후 거미줄 같은 줄을 걸고, 그 줄을 타고 이리저리 옮겨 다니며 과학자의 얼굴을 살펴보았습니다. 그러면서 자기들끼리 이야기를 했습니다.

그러더니 긴 줄을 아래로 내리고 줄 끝에 조그만 물건을 달아 그것을 여러 명이 옮겼습니다. 과학자는 꼼짝도 하지 않고 신경을 곤두세운 채 그 물건이 무엇이고 어디로 가져가는지 알아보려고 했습니다. 그런데 꼬마 사람들은 바로 코밑까지 물건을 옮긴 후에는 줄을 늘어뜨려 그것을 다시 귀 쪽으로 내렸습니다. 처음에는 몇 번 실수를 하기도 했지만 결국 그들은 그 물건을 과학자의 귓속으로 가져가는 데 성공했습니다. 몇몇 꼬마 사람이 귓속까지 들어와 그 물건을 귓속 깊숙한 곳까지 옮겼습니다. 귀가 간질거렸지만 과학자는 꾹 참고 기다렸습니다. 이 꼬마 사람들이 자신을 해칠 것 같지는 않다는 생각이 들었기 때문이었습니다.

꼬마 사람들은 그 물건을 귓속 깊은 곳까지 옮겨다 놓은 후 귓속에 무엇인가를 찔러 넣었습니다. 무엇인가를 찔러 넣는다는 느낌은 들었지만 아프지는 않았습니다. 그리고 꼬마 사람들은 귀 밖으로 나와 다시 줄을 타고 아래로 내려갔습니다. 과학자는 그들이 옮겨 놓은 물건이 무엇인지 도대체 알 수가 없었습니다. 꼬마 사람들이 얼굴에서 내려가자 주위에

있던 꼬마 사람들이 모두 뒤로 멀찌감치 물러났습니다. 자세히 보니 얼굴에서 내려온 꼬마 사람들도 마차나 자동차 같은 것을 타고 달리면서 자신으로부터 멀어지고 있었습니다. 무슨 일이 곧 일어날 것 같다는 생각이 들었지만 과학자는 꼼짝없이 기다리는 수밖에 없었습니다.

그때 갑자기 그의 귓속에서 사람 말소리가 들렸습니다. 처음에는 소리가 너무 작아 무슨 소리인지 알아듣기 힘들었는데, 차츰 소리가 커지더니 드디어 무슨 소리인지 알아들을 수 있을 정도의 크기로 들렸습니다. 꼬마 사람들이 과학자의 귓속에 넣은 것은 조그마한 스피커였던 것입니다. 물론 꼬마 사람들에게는 엄청나게 큰 스피커였겠지요. 과학자는 스피커에서 나오는 소리를 잘 들어 보았습니다.

“거인 사람은 들으시오. 우리 목소리가 들리면 발가락을 꼼지락거려 보시오.”

과학자는 그들이 시키는 대로 발가락을 꼼지락거렸습니다. 그랬더니 다시 스피커에서 말소리가 들려오기 시작했습니다.

“어제 저녁 당신이 우리가 사는 마을에 떨어져 우리 마을의 산이 모두 무너지고 강이 막혀 버렸습니다. 그래서 우리는 살던 마을과 집을 모두 잃게 되었어요. 다행히 우리나라 사람들이 모두 힘을 합해 당신을 꼼짝 못하도록 묶어 놓아 더 이상의 피해는 입지 않고 있어요. 하지만 앞으로 당신을 어떻게 해야 할지 아직 정하지 못하고 있습니다. 많은 사람들은 당신을 그대로 묶어 놓아 다시는 움직이지 못하게 하자고 했지만, 일부에서는 당신이 나쁜 사람이 아닌 것 같으니 당신의 나라로 돌아갈 수 있도록 도와주자고 했습니다. 어제 저녁 내내 이 문제를 가지고 토론하고 투표를 했지만 아직 결론을 내리지 못하고 있어요. 그러자 우리의 왕께서 우선 당신이 어떤 사람인지 알아본 후에 결론을 내리는 것이 좋겠다고 하셨습니다. 그래서 우리는 당신의 귀에 스피커를 설치했어요. 당신이 우리 이야기를 들을 수 있게 된 것은 이 스피커 때문입니다. 당신이 이야기를 하면 이 스피커를 통해 우리도 당신 이야기를 들을 수도 있어요. 하지만 절대로 소리 내서 말하면 안 됩니다. 당신 목소리 때문에 둑이 무너지거나 땅이 흔들릴 수도 있으니 말이에요. 그러니까 그냥 마음속으로만 이야기하세요. 그러면 이 스피커가 알아서 당신의 이야기를 우리에게 전해 줄 것입니다. 알았으면 다시 발가락을 꼼지락거려 보세요."

과학자는 꿈을 꾸고 있는 것 같았습니다. 이런 작은 세상이 있다는 것도 믿을 수 없었지만, 이 작은 세상에 사는 꼬마 사

람들이 이런 놀라운 장치를 가지고 있다는 것도 놀라웠습니다. 이들은 과학자를 다시 원래의 세상으로 돌려보내는 방법도 알고 있는 것 같아 안심이 되기도 했습니다. 그래서 힘차게 발가락을 꼼지락거렸습니다.

"자, 그럼 이제 우리 스피커를 시험해 보기로 하겠습니다. 우리에게 하고 싶은 말을 생각해 보세요. 그러고는 그 생각에 집중하세요. 그러면 우리가 당신 이야기를 들을 수 있을 겁니다."

과학자는 생각을 집중해서 하고 싶은 말을 생각했습니다.

'여기는 어딘가요?'

생각만 했는데도 그의 이야기가 꼬마 사람들에게 전달된 것 같았습니다.

"여기는 당신들 세상과는 다른 작은 세상입니다. 당신들은 큰 것들만 보고 살고 있기 때문에 우리 세상이 있다는 것을 잘 모르지만 우리는 당신들 세상을 잘 알고 있어요."

'그런데 왜 나를 이렇게 묶어 놓았나요?'

"그건 당신이 움직이면 우리가 사는 세계가 모두 파괴되기 때문입니다. 원래 당신들은 우리 세상으로 들어오면 안 됩니다. 그러면 자연 법칙이 무너져 큰 혼란이 생기기 때문입니다. 우리는 당신들 세상에 마음대로 왔다 갔다 할 수 있지만 당신들은 우리 세상에 오면 안 된다는 것이 자연 법칙입니다. 우리가 당신들 세상에 들락거려도 아무도 눈치를 채지 못하기 때문에 당신들 세상에는 아무 문제가 생기지 않아요. 하지만 당신들이 우리 세상에 오면 우리 세상은 모두 엉망이 되지요. 그러니 이렇게 묶어 놓을 수밖에 없었습니다."

'내가 어떻게 당신들 세상으로 오게 된 건가요? 나는 자동차를 타고 가다가 굴러 떨어졌을 뿐입니다.'

"당신이 어떻게 우리 세상으로 들어왔는지는 우리도 모릅니다. 아마 공기가 오염되어 이상한 현상이 나타난 것인지도 모르지요."

'당신들은 이제 나를 어쩔 셈인가요?'

"그건 당신이 어떤 사람인지 알아본 후에 결정할 것입니다. 당신이 정직하고 착한 사람이면 당신 나라로 돌아가도록 도와주겠습니다. 그것이 가능할지는 모르지만……. 우선 당신은 무슨 일을 하는 사람인가요?"

'나는 물리학을 연구하는 과학자입니다. 당신들을 해칠 마음은 절대 없습니다.'

"과학자라면 나쁜 사람은 아니겠군요. 하지만 당신이 과학자라는 것을 어떻게 증명할 수 있습니까? 당신들 세상에는 거짓말을 하는 사람들도 많다던데……."

'과학에 대해 질문을 해 보세요. 그러면 내가 진짜 과학자라는 것을 쉽게 알 수 있을 것입니다.'

"그거 좋은 생각입니다. 그렇다면 우리나라 최고의 과학자를 데려와 당신에게 문제를 내도록 하겠습니다. 그 시험을 통과하면 당신을 당신네 나라로 돌려보내겠지만, 통과하지 못하면 화형에 처하도록 하겠습니다. 우리 과학자를 데려올 때까지 조금만 기다리세요."

처음에 과학자는 과학 시험을 보겠다는 말에 마음이 놓였습니다. 과학 시험이라면 자신 있다고 생각했기 때문이었습니다. 하지만 과학 시험을 통과하지 못하면 화형시키겠다는 말을 듣자 걱정이 되었습니다. 과학 문제 중에는 과학자라도 대답할 수 없는 어려운 문제들이 많다는 것을 잘 알고 있었기 때문이었습니다. 조금 후에 다시 꼬마 사람들의 말소리가 들렸습니다.

"여기 우리나라의 최고 과학자가 왔으니 이제 문제를 내도록 하겠습니다. 우리나라 최고 과학자인 하이젠베르크 박사를 소개하겠습니다."

"나는 이곳 물리학자인 하이젠베르크 박사요. 우선 쉬운 문제부터 내도록 하겠습니다. 물체를 쪼개고 쪼갰을 때 나오는 가장 작은 알갱이는 무엇인가요?"

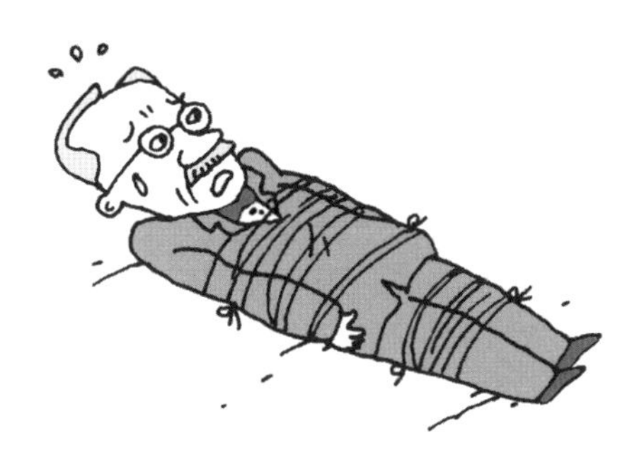

과학자는 문제를 듣고 안심이 되었습니다. 문제가 생각보다 쉬웠기 때문이었습니다. 그래서 거침없이 마음속으로 대답했습니다.

'그것은 원자입니다.'

"맞았어요. 하지만 아직 안심하지 마십시오. 이제 겨우 시작이니까……."

꼬마 나라의 최고 과학자는 과학자의 마음까지 들여다보고 있는 것 같았습니다. 그는 계속 문제를 냈습니다.

"원자의 종류를 아는 대로 대 보세요."

'수소, 헬륨, 리튬, 붕소, 탄소, 질소, 산소, 플루오르, 네온,

나트륨, 마그네슘…….'

"아, 그 정도면 됐어요. 여기 초등학생들도 그 정도는 다 알고 있는 거니까. 그러면 원자 알갱이의 크기는 얼마나 되는지 알고 있나요?"

'물론입니다. 수소 원자의 지름은 1억분의 1cm 정도이고, 원자가 커지면 지름도 조금씩 커집니다.'

"잘 알고 있군요. 그렇다면 에너지 알갱이의 크기는 얼마나 되는지 알고 있나요?"

'에너지 알갱이라니요? 에너지는 알갱이가 아닙니다. 에너지 알갱이는 세상 어디에도 없습니다.'

"무슨 소리인가요? 에너지도 알갱이로 되어 있다는 사실을 과학자가 모르다니……. 그러면서도 과학자라고 할 수 있소?"

'원자는 알갱이이지만 에너지는 알갱이가 아닙니다. 물체에다 에너지를 가하면 속도가 증가하기도 하고 온도가 올라가기도 합니다. 하지만 이때 에너지 알갱이를 주는 것은 아닙니다. 에너지는 눈에 보이지 않는 것으로 알갱이가 아닙니다.'

"당신 정말 과학자 맞나요? 에너지가 알갱이라는 것은 이곳에서는 누구나 알고 있는 사실입니다. 우리는 에너지를 주고받을 때도 알갱이를 세어서 주고받고, 가게에서도 에너지 알갱이를 개수로 세어서 팔고 있어요. 그런데 에너지가 알갱이가 아니라니, 무슨 이야기를 하고 있는 것입니까? 에너지 알갱이의 크기를 모르니까 에너지는 알갱이가 아니라고 우기고 있는 것 아닌가요?”

‘절대 그렇지 않습니다. 나도 물리학 박사요. 세상의 모든 것을 다 알고 있지는 않지만 에너지가 알갱이가 아니라는 것은 확실히 알고 있습니다. 나를 떠보기 위해 말도 안 되는 문제를 내고 있는 것 아닙니까?’

“물리학 박사라는 사람이 에너지가 알갱이라는 사실도 모르고 있다니 그게 말이나 됩니까? 지금 당신과 대화하기 위해 우리는 매초 10억 개의 에너지 알갱이를 사용하고 있어요. 여기 우리 컴퓨터를 보면 당신 귓속에 꽂은 스피커가 사용하는 에너지의 알갱이 수가 그대로 나타나고 있습니다. 그런데도 에너지가 알갱이가 아니라고 우기는 것을 보면 당신은 과학자가 아닌 것이 틀림없습니다.”

‘절대 그럴 리 없습니다. 원자는 알갱이이지만 에너지는 알갱이가 아닌 것이 확실합니다. 우리나라의 모든 과학자들은 에너지가 알갱이가 아니라는 것을 다 알고 있습니다.’

“모든 과학자들이 에너지가 알갱이가 아니라고 알고 있다면 그런 과학자들은 엉터리 과학자들이겠지. 당신도 그런 엉

터리 과학자가 틀림없습니다. 나는 과학자의 양심을 걸고 당신이 가짜 과학자라고 판정하겠소."

'잠깐만요. 이 문제 말고 다른 문제를 내 보세요. 이 문제처럼 확실하지 않은 문제를 내서 그릇된 판단을 하지 말고 확실한 문제를 내 보세요.'

"아니, 에너지가 알갱이라는 것보다 더 확실한 것이 어디 있다고 다른 문제를 내라는 것입니까? 그런 말을 한다는 것은 당신이 과학자가 아니라는 가장 확실한 증거라고 할 수 있어요."

묶여서 꼼짝도 하지 못하는 과학자는 속이 새카맣게 타 버릴 지경이었습니다. 에너지가 알갱이로 되어 있다니, 과학자는 그런 엉터리 같은 얘기를 믿을 수도 답할 수도 없었습니다. 그런 엉터리 같은 문제에 제대로 대답하지 못했다고 과학자가 아니라고 하니 과학자는 너무 억울했습니다. 그런 생각을 하던 중 처음에 이야기를 했던 꼬마 사람의 목소리가 들려왔습니다.

"이제 당신에 대한 검증은 끝났습니다. 당신은 과학자가 아닌 것으로 판명되었습니다. 우리나라 과학자의 말에 의하면 당신은 어려운 과학 문제를 질문하기도 전에 가장 기초적인 단계에서 과학자가 아니라는 것이 밝혀졌다고 합니다. 이제 준비해 두었던 형을 집행하겠습니다. 우리를 원망하지 마시기 바랍니다."

그러고는 과학자가 다음 말을 할 사이도 없이 과학자 주위에 설치해 두었던 폭탄이 터지기 시작했습니다. 처음에는 불꽃놀이 같은 작은 불길이 사방에 나타나기 시작하더니 차츰 거센 불꽃으로 바뀌어 갔습니다. 과학자는 몸을 이리저리 비틀어 보았지만 꼼짝도 할 수 없었습니다. 비명을 지르려고 했지만 비명도 나오지 않았습니다. 몸을 뒤틀며 괴로워하는 수밖에 다른 방법이 없었습니다.

이때 누군가 과학자의 어깨를 흔들어 깨웠습니다. 과학자가 온몸에 땀을 흘리고 몸을 비틀며 괴로워하고 있었기 때문이었습니다. 과학자는 마치 불에 덴 듯 온몸이 따끔거렸습니다. 하지만 정신을 차려 보니 모든 것이 꿈이었습니다. 꿈에서 깨어난 다음에도 에너지가 알갱이라고 큰 소리로 말하던 꼬마 나라 과학자의 이야기가 생생하게 생각났습니다.

에너지가 알갱이라는 것은 무슨 뜻일까요? 다음 수업 시간에는 에너지의 알갱이에 대해서 자세하게 알아봅시다.

만화로 본문 읽기

당신들은 누구입니까?
우리는 지구인의 지식을 측정하러 왔다.
우리는 안드로메다은하에서 왔다.

당신이 지구에서 뛰어난 학자 중 한 명이니까 우리가 내는 과학 문제를 풀면 살려 주겠다.
좋소. 문제를 내보시오.

우선 쉬운 문제부터 내도록 하겠다. 물체를 쪼개고 쪼갰을 때 나오는 가장 작은 알갱이는 무엇인가?
원자입니다.
정답이다. 그럼 다음 문제를 내겠다.

원자 알갱이의 크기는 얼마나 되는지 알고 있는가?
물론입니다. 수소 원자의 지름은 1억분의 1cm 정도이고, 원자가 커지면 지름도 조금씩 커집니다.
그럼 에너지 알갱이의 크기는 얼마나 되겠나?

무슨 말입니까? 에너지는 알갱이가 아닙니다.
에너지가 알갱이라는 것은 우리 우주인은 모두 알고 있는 사실이다.
역시 지구인의 지적 수준은 너무 낮군. 당신은 살려 둘 가치가 없을 것 같다.

악몽이라도 꾼 거야?
헉! 에너지가 알갱이라니…. 도대체 무슨 뜻일까?

세 번째 수업 3

에너지는 알갱이다

에너지가 알갱이라는 사실을 어떻게 알게 되었을까요?
에너지가 알갱이라는 것을 증명하기 위한 과학자들의 노력을 알아봅시다.

3

세 번째 수업

에너지는 알갱이다

교과 연계		
	중등 과학 3	3. 물질의 구성
	고등 물리 I	4. 파동과 입자
	고등 물리 II	3. 원자와 원자핵

슈뢰딩거가
지난 시간에 들려준 이야기로
세 번째 수업을 시작했다.

지난번 강의에서는 에너지가 알갱이라는 것을 이야기하기 위해 어떤 과학자가 꾼 꿈 이야기를 했습니다. 에너지가 알갱이라는 것은 대체 무슨 뜻일까요? 그리고 그것을 어떻게 알게 되었을까요? 사람들은 감각을 이용한 경험을 통해 자연을 알아 갑니다. 우리는 시각, 청각, 미각, 후각, 촉각이라 불리는 5가지의 감각을 가지고 있습니다. 이 5가지 감각은 인간이 세상을 알아 가는 가장 기초적인 수단입니다. 오랫동안 사람들은 감각을 통해 직접 경험한 것보다 더 확실한 것은 없다고 생각했습니다.

하지만 우리의 감각은 그다지 정확하지 않다는 것이 밝혀지기 시작했습니다. 우선 우리 눈으로 세상의 모든 것을 볼 수 없다는 것을 알게 되었습니다. 우리가 눈으로 보지 못하는 세상도 얼마든지 있다는 것을 알게 된 것입니다. 어떤 것은 너무 작아서 보이지 않고, 어떤 것은 너무 멀리 있어서 보이지 않고, 또 어떤 것은 우리 곁에 있지만 우리 눈에 볼 수 없도록 되어 있어서 볼 수 없습니다. 마찬가지로 우리는 모든 소리를 들을 수 있는 것이 아닙니다. 어떤 소리는 들을 수 있고, 어떤 소리는 있어도 들을 수 없습니다.

따라서 우리가 보고 들어서 알고 있는 것들은 그렇게 정확한 사실이 아니라고 할 수 있습니다. 우리는 우리 눈으로 볼 수 있는 세상에 대해서는 그런대로 여러 가지 내용을 알 수 있지만, 우리가 볼 수 없는 세상에서는 어떤 일이 일어나는지 알 방법이 없습니다. 하지만 그동안 우리는 우리가 보지 못하는 작은 세상에서도 우리가 보고 있는 세상에서 일어나는 일들과 똑같은 일들이 일어날 것이라고 생각해 왔습니다.

그러나 우리가 직접 보고 들을 수 없는 작은 세상에서 우리가 알고 있는 것과는 전혀 다른 일들이 벌어지고 있다는 것을 알게 된 것은 그리 오래전의 일이 아닙니다. 그중 하나가 에너지가 알갱이로 되어 있다는 사실입니다.

물체를 이루는 원자도 눈에 보이지 않기는 마찬가지입니다. 하지만 우리는 물체가 원자라는 작은 알갱이로 만들어졌다는 것은 쉽게 이해할 수 있습니다. 좁쌀이 알갱이로 되어 있듯이, 그리고 밀가루가 작은 알갱이로 되어 있듯이 물질을 쪼개고 쪼개면 우리 눈에 보이지 않는 작은 원자가 된다는 것을 상상하는 것은 그리 어려운 일이 아니었기 때문이었습니다. 하지만 에너지가 알갱이라는 것은 쉽게 이해할 수 있는 일이 아니었습니다. 그래도 과학자들은 원자뿐만 아니라 에너지도 알갱이로 되어 있다는 것을 밝혀냈습니다. 과학자가 꿈속에서 만난 꼬마 과학자의 말이 맞았던 것입니다.

우리 주위에는 움직이는 장난감이 많습니다. 북을 치는 곰돌이도 있고, 혼자서 돌아다니다가 멍멍 짖어 대는 장난감 강아지도 있습니다. 이런 장난감들을 움직이게 하려면 건전지를 넣어야 합니다. 건전지가 에너지를 공급해 주기 때문입니다. 에너지가 없으면 어떤 장난감도 움직일 수 없습니다.

건전지를 새것으로 갈아 끼우면 더욱 힘차게 움직이지요. 새 건전지에서는 많은 에너지가 나오기 때문입니다. 하지만 시간이 가면 건전지의 에너지가 점점 약해져서 차츰 천천히 움직이다가 결국은 멈추게 됩니다. 건전지의 에너지가 다 닳았기 때문입니다. 어떤 전지는 충전해서 다시 쓸 수도 있습

니다. 그러면 전기 에너지가 건전지로 들어가서 건전지에 다시 에너지가 가득 차게 되지요.

사람도 에너지가 없으면 살아갈 수 없습니다. 사람은 살아가는 데 필요한 에너지를 음식물에서 얻습니다. 음식물 속에는 많은 에너지가 들어 있습니다.

그러니까 에너지는 전기에서 건전지로 이동하기도 하고, 음식물에서 우리 몸으로 이동하기도 하는 것입니다. 그런데 이런 에너지들이 작은 알갱이로 되어 있다는 것입니다. 에너지 알갱이는 너무 작아 우리 눈으로 볼 수 없는 것은 물론, 그것을 느낄 수 있는 방법도 없습니다. 에너지는 알갱이가 아니라고 생각해 온 것은 에너지 알갱이가 너무 작아 그것을 알아차릴 방법이 없기 때문이기도 했습니다.

그렇다면 에너지가 알갱이로 되어 있다는 것을 어떻게 알게 되었을까요? 에너지가 알갱이로 되어 있다는 것을 처음 알아낸 사람들은 물체가 내는 빛을 연구하던 과학자들이었습니다. 모든 물질은 불에 탈 때 독특한 빛을 냅니다. 소금 속에 들어 있는 나트륨은 타면서 노란 불빛을 냅니다. 그래서 소금을 숯불 위에 뿌리면 노란색 불꽃이 생기는 것을 볼 수 있습니다.

물질의 종류에 따라 탈 때 나오는 빛의 색깔이 다릅니다.

왜 원소마다 다른 색깔의 빛이 나올까요? 이것은 참으로 어려운 문제였습니다. 이 문제를 해결하기 위해 과학자들은 여러 가지 실험을 했습니다.

그러다가 독일의 과학자 플랑크(Max Karl Planck, 1858~1947)는 물질이 종류에 따라 다른 불빛을 내는 것은 에너지가 알갱이로 되어 있고, 원자 속에 들어 있는 에너지 알갱이의 크기가 다르기 때문이 아닐까 하는 생각을 하게 되었습니다. 과학자들은 이렇게 보통 사람들과는 다른 생각을 하는 사람들이지요. 많은 사람들이 플랑크의 생각이 맞는지를

알아보기 위해 여러 가지 실험을 했습니다. 그런데 놀랍게도 여러 가지 실험 결과는 에너지가 알갱이로 되어 있다는 것을 증명해 주었습니다.

덴마크의 과학자였던 닐스 보어(Niels Bohr, 1885~1962)는 에너지가 알갱이로 되어 있다는 가정하에 원자 모형을 만들어 수소 원자가 내는 빛의 종류를 모두 설명해 냈습니다. 수소 원자에서는 한 가지 빛만 나오는 것이 아니라 여러 가지 빛이 나옵니다. 이런 것을 수소 원자가 내는 스펙트럼이라고 합니다. 수소 원자가 내는 스펙트럼의 종류는 수십 가지가 넘습니다. 그런데 에너지가 알갱이로 이루어졌다는 생각을 기초로 만든 보어의 원자 모형은 이 많은 스펙트럼이 어떻게 나오는지를 모두 설명해 주었습니다. 그것은 놀라운 일이 아닐 수 없었습니다.

과학에서는 항상 이렇게 예상을 하고 그 예상이 맞는지를 검증하는 일을 합니다. 우리가 절대로 볼 수 없는 작은 세상

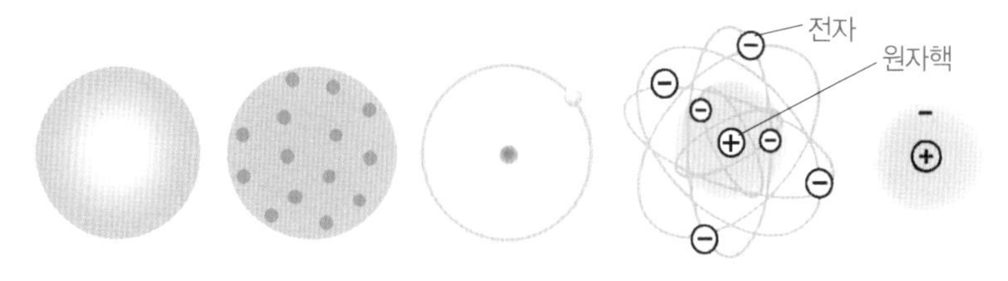

원자 모형의 변천 과정

에서는 어떤 일이 일어나고 있을 것이라고 예상을 하는 것도 그런 것입니다. 그리고 그런 생각을 기초로 우리가 실험으로 관찰할 수 있는 일들이 왜 일어나는지 설명하는 겁니다. 만약 모든 현상을 설명할 수 있으면 처음의 예상은 사실로 받아들여지고, 설명할 수 없는 현상이 발견되면 처음의 예상은 틀렸다는 것이 밝혀지는 것이지요.

그런데 막스 플랑크는 에너지가 알갱이로 되어 있을 것이라고 예상했고, 그런 예상을 바탕으로 보어와 같은 과학자들이 원자가 내는 스펙트럼을 모두 설명해 낸 것입니다. 그러므로 에너지가 알갱이로 되어 있다는 것을 사실로 받아들이지 않을 수 없게 된 것입니다. 에너지가 알갱이로 되어 있다

는 사실을 우리가 알 수 없었던 것은 우리 감각이 그다지 정밀하지 못하고 에너지 알갱이는 너무 작기 때문이었습니다.

아마 과학자가 꿈속에서 보았던 꼬마 나라에서는 에너지가 알갱이로 되어 있다는 것이 누구나 아는 상식이었을 것입니다. 크기가 작은 꼬마 나라 사람들은 에너지 알갱이의 영향을 직접적으로 받으며 살아가고 있을지도 모르지요. 따라서 그들에게는 에너지가 알갱이라는 것이 너무도 당연한 상식이었을 것입니다.

우리처럼 큰 세상에 사는 사람들에게는 에너지가 알갱이라는 것이 그다지 중요한 사실이 아닙니다. 하지만 아주 작은 세상에 사는 사람들이 있다면 그들에게는 에너지가 알갱이인지 아닌지, 그리고 에너지 알갱이의 크기가 얼마나 크냐 하는 것은 매우 중요할 것입니다. 만약 에너지 알갱이가 몸집에 비해 크면 에너지를 주고받는 것이 생각처럼 쉬운 일이 아닐 테니까요.

에너지 알갱이가 왜 그렇게 중요한지는 우리가 사용하는 돈을 생각하면 쉽게 이해할 수 있습니다. 우리가 사용하는 돈의 가장 작은 단위는 10원입니다. 하지만 우리는 이 돈으로 물건을 사고파는 데 별 어려움이 없습니다. 10원은 누구나 지닐 수 있는 크기이기 때문입니다. 하지만 개미들이 이

돈을 사용한다면 물건을 사고팔 수 없을 것입니다. 10원의 크기는 개미들에게는 너무 크기 때문입니다. 이와 마찬가지로 아주 작은 세상에 가면 에너지 알갱이의 크기에 따라 에너지를 주거나 받고 싶어도 쉽게 못할 때도 있을 것입니다.

에너지가 알갱이로 되어 있느냐 아니면 물과 같이 연속된 것이냐가 왜 중요한지를 알기 위해 또 다른 예를 들어 보겠습니다.

교실에 학생들이 29명이 있다고 생각해 보세요. 어느 날 선생님이 에너지를 한 그릇 가지고 교실에 들어오셨습니다. 만약 에너지가 물과 같은 것이라면 선생님은 에너지를 모든 학생에게 똑같이 나누어 줄 수 있어요. 하지만 에너지가 쇠구슬 같이 쪼갤 수 없는 알갱이라면 똑같이 나누어 줄 수도 있고, 그렇지 않을 수도 있습니다. 에너지 구슬의 수가 29개이거나 58개이면 똑같이 나누어 줄 수 있지만 구슬의 수가 37개거나 23개라면 똑같이 나누어 줄 방법이 없을 것입니다.

그러나 구슬이 사람에 비해 아주 작아서 한 그릇 속에 1억개 정도로 들어간다면 대략 똑같이 나누어 줄 수도 있을 것입니다. 몇 개 차이가 나더라도 그것을 눈치채지 못할 것입니다. 알갱이로 되어 있지만 알갱이가 아주 작은 밀가루는 얼마든지 똑같이 나눌 수 있는 것처럼 보이기 때문입니다. 우

리가 사는 세상에서 에너지가 알갱이이든 아니든 아무 문제가 없는 것은 에너지 알갱이가 아주 작기 때문입니다.

따라서 원자나 전자와 같이 작은 알갱이들의 세상을 알기 전까지는 에너지가 알갱이로 되어 있든 그렇지 않든 그것은 그다지 큰 문제가 아니었습니다. 하지만 원자와 전자의 세계에서 일어나는 일들은 에너지 알갱이의 영향을 크게 받고 있습니다. 따라서 에너지 알갱이가 얼마나 큰지 그리고 에너지 알갱이를 어떻게 주고받는지를 알지 못하고는 이 세계를 이해할 수 없습니다. 그리고 원자나 전자를 잘 이해하지 못하고는 자연에서 일어나는 일들을 이해했다고 할 수 없습니다.

양자 물리학이라는 단어에서 양자는 에너지의 알갱이를 뜻하는 말입니다. 그러니까 양자 물리학이란 알갱이로 되어 있는 에너지를 다루는 물리학이란 뜻입니다. 1920년대에 양자 물리학이 등장하기 전에는 17세기에 뉴턴이 만든 뉴턴 역학이 있었습니다. 뉴턴 역학은 자연에서 일어나는 여러 가지 현상을 이해하는 중요한 물리 법칙이었습니다. 사람들은 뉴턴 역학을 이용하여 높은 빌딩을 세우고, 길을 닦고, 다리를 놓았습니다. 자동차를 만들고, 비행기를 만들 수 있도록 한 것도 뉴턴 역학이었습니다.

하지만 이런 것들은 모두 우리가 사는 큰 세상에서 일어나는 일들입니다. 따라서 에너지 알갱이와는 관계없는 일들이었습니다. 하지만 20세기에 들어오면서 원자보다 작은 세상이 있다는 것을 알게 되었습니다. 원자 하나의 크기는 1억분의 1cm보다도 작습니다. 뉴턴 역학으로는 이런 작은 세상에서 일어나는 일들을 설명할 수 없습니다. 에너지가 알갱이로 되어 있었기 때문에 뉴턴 역학은 에너지를 다룰 수 없었습니다.

힘을 가해 물체를 밀면 물체의 속도가 증가합니다. 이때 속도는 미는 힘에 따라 꾸준히 증가합니다. 이에 따라 물체의 운동 에너지도 꾸준히 증가합니다. 적어도 뉴턴 역학에서는 그렇게 생각했습니다. 에너지는 알갱이가 아니라 연속적인 것이라고 생각했던 것입니다. 하지만 양자 물리학에서 에너지는 너무 작아서 우리가 눈치채지는 못하고 있지만 알갱이로 되어 있다는 것입니다. 따라서 뉴턴 역학이 아닌 알갱이로 되어 있는 에너지를 다룰 수 있는 새로운 물리학을 만들 필요가 생기게 된 것이었습니다.

하지만 그 일은 쉬운 일이 아니었습니다. 우리가 알고 있는 것과는 전혀 다른 세상의 일을 설명하는 물리학을 만든다는 것이 쉬울 리 없었습니다. 1910년대와 1920년대의 많은 과학자들이 이 일에 매달렸습니다. 수많은 과학자들이 여러 가지 아이디어를 내놓고 수많은 토론과 논쟁을 거친 후에 만들어

진 것이 양자 물리학입니다. 이 과정에서 내가 제안했던 슈뢰딩거 방정식이 가장 중요한 공식으로 등장했습니다. 그러니까 양자 물리학이란 알갱이로 되어 있는 에너지를 슈뢰딩거 방정식을 이용하여 다루는 물리학이라고 할 수 있습니다.

이제 에너지가 알갱이로 되어 있다는 것이 왜 중요한지 알게 되었나요? 그러면 이제부터는 알갱이로 되어 있는 에너지를 어떻게 다룰 수 있었는지에 대해 조금 더 자세하게 이야기할 차례입니다.

처음에는 양자 물리학을 과연 이해할 수 있을까 하고 염려하는 학생들도 있었을 것입니다. 하지만 알고 보니까 별로 어려울 것 같지 않지요? 우리가 알고 있는 상식의 틀에서 조금만 벗어나면 새로운 세상을 이해하는 것은 그리 어려운 일이 아닙니다.

다음에 이어지는 수업을 들으면 양자 물리학이 더욱 쉽게 느껴질 것입니다.

만화로 본문 읽기

선생님, 빛이 알갱이로 되어 있다고 하던데, 정말인가요?
네, 맞습니다. 이것을 처음 주장한 사람은 독일의 과학자 플랑크입니다.

이후 여러 과학자의 연구를 통해 이 주장이 사실로 받아들여졌었답니다.
그런데 에너지가 알갱이라는 것이 중요한 것인가요?

보통 사람들에게는 에너지가 알갱이라는 것이 그다지 중요하지 않습니다. 하지만 원자와 전자의 세계에서 일어나는 일들은 에너지 알갱이의 영향을 크게 받고 있습니다.

왜 그런가요?
만약 에너지 알갱이가 몸집에 비해 크면 에너지를 주고받는 것이 생각처럼 쉬운 일이 아닐 테니까요.
이것 어떻게 옮기지?

원자 같은 작은 세계를 연구하는 경우 에너지 알갱이를 모르면 연구를 할 수 없는 것입니다.
그래서 중요한 것이군요.

양자 물리학이라는 단어에서 양자는 이 에너지의 알갱이를 뜻하는 말입니다. 그러니까 양자 물리학이란 알갱이로 되어 있는 에너지를 다루는 물리학이란 뜻입니다.
아, 그렇군요.

네 번째 수업 4

빛의 정체를 밝혀라

빛은 파동일까요, 입자일까요?
초기에 빛은 파동이라고 과학자들은 믿고 있었습니다.
빛의 이중성에 대한 과학자들의 혼란스러움을 알아봅시다.

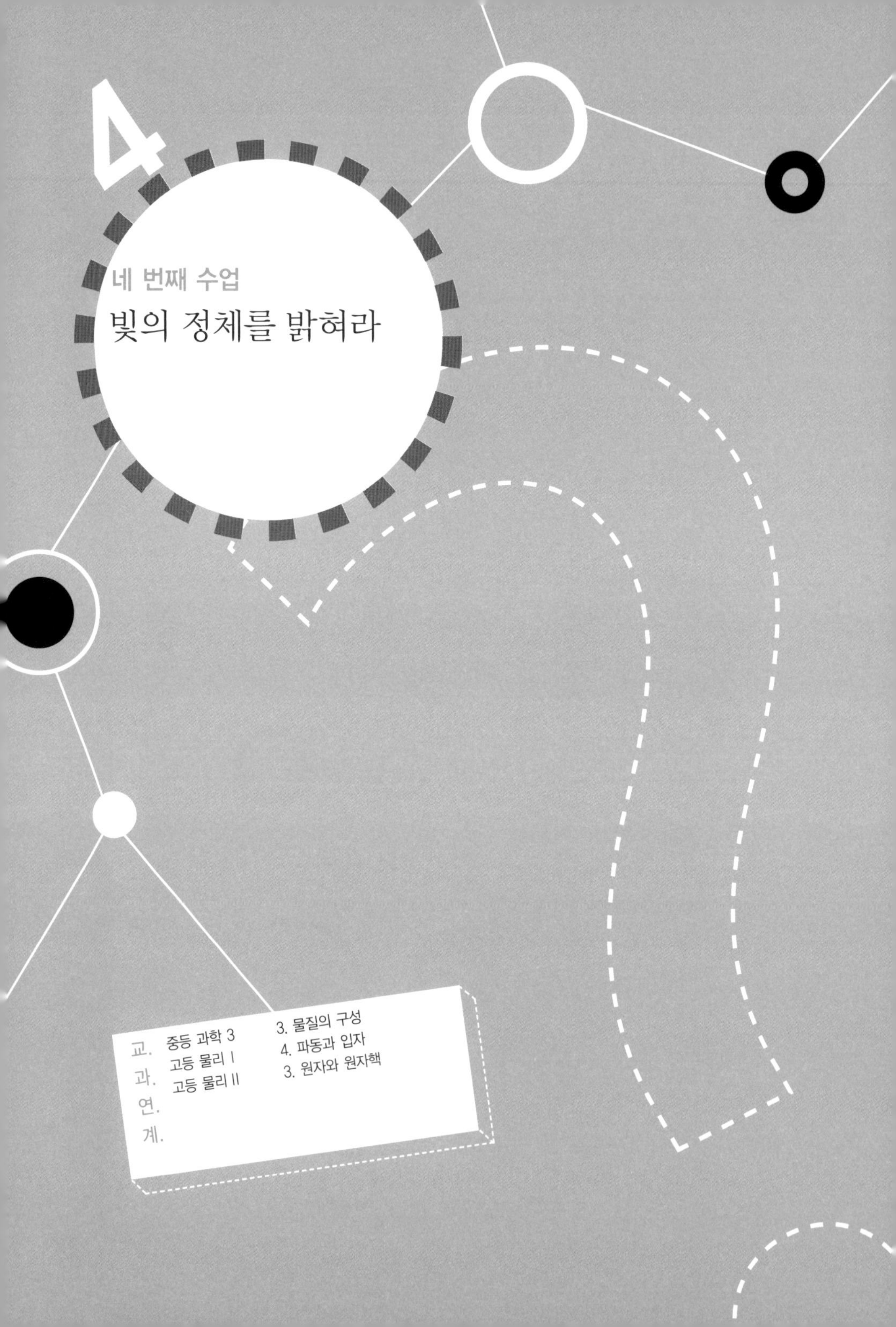

4

네 번째 수업

빛의 정체를 밝혀라

교과연계.

중등 과학 3	3. 물질의 구성
고등 물리 I	4. 파동과 입자
고등 물리 II	3. 원자와 원자핵

슈뢰딩거의 네 번째 수업은
빛에 대한 이야기로 시작했다.

알갱이로 되어 있는 에너지를 다룰 수 있는 새로운 방법을 찾고 있던 과학자들은 뜻밖의 곳에서 가능성을 발견하게 되었습니다. 그 가능성은 다름 아닌 빛에 대한 연구에서 시작되었습니다.

빛이 무엇일까에 대하여 연구하던 과학자들이 알갱이로 되어 있는 에너지를 다룰 수 있는 새로운 방법을 찾아냈습니다. 그래서 양자 물리학은 빛을 연구하다가 나온 물리학이라고도 할 수 있습니다. 그렇다면 양자 물리학 이야기를 하기 위해서는 먼저 빛에 대한 연구가 어떻게 진행되었는지 살펴

보아야 하겠군요.

우리 생활에 가장 큰 영향을 미치는 것 중의 하나는 바로 빛입니다. 태양에서부터 오는 빛은 지구에 사는 모든 생명의 근원이라고 할 수 있습니다. 우주는 아주 추운 곳입니다. 우주 전체의 평균 온도는 −270℃ 정도입니다. 하지만 우주에는 태양과 같은 별들이 빛을 내고 있어 별 주위는 따뜻합니다. 그러니까 별들은 차가운 우주 여기저기에서 타오르고 있는 모닥불이라고 할 수 있는 것입니다. 그리고 지구가 따뜻하게 유지될 수 있는 것은 태양이라는 모닥불에서 빛을 계속

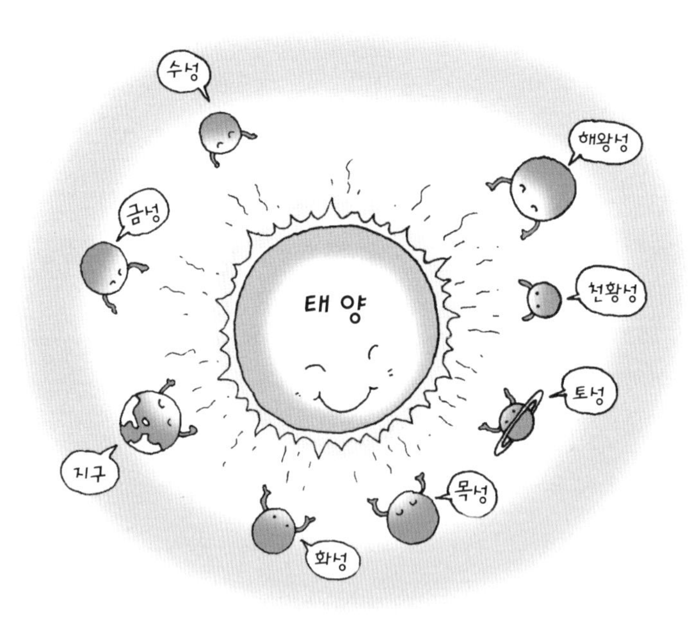

받고 있기 때문입니다. 지구의 생명체들은 이 빛을 이용해 살아가고 있는 것입니다.

그뿐만 아니라 빛이 없으면 아무것도 볼 수 없기 때문에 자연을 연구하는 것도 불가능합니다. 빛은 우리에게 자연의 모습을 전달해 주고 가르쳐 주는 가장 중요한 전달자이자 선생님이라고 할 수 있습니다. 사람들은 오랫동안 빛이 전해 주는 자연의 모습이 가장 정확한 자연의 모습이라고 생각했습니다.

그래서 '내 눈으로 직접 봤다.'라는 말을 가장 믿을 수 있는 증언이라고 생각했어요. 직접 본 사람의 이야기를 어떻게 믿지 않을 수 있겠습니까? 게다가 그것을 본 사람이 한 사람이 아니라 여러 사람이라면 그것은 조금도 의심할 수 없는 사실이라고 생각할 수밖에 없었습니다. 하지만 우리가 본 것을 확실하게 믿기 위해서는 세상의 모습을 우리 눈에 전해 주는 빛이 무엇인지, 그리고 과연 세상의 모습을 정확하게 전달해 주는 것인지 따져 보아야 했습니다.

우리가 텔레비전은 물론 라디오도 들을 수 없고, 사람도 만날 수 없는 첩첩산중에 살고 있어 세상에서 어떤 일이 일어나는지 절대 알 수 없다고 생각해 보세요. 그리고 세상에서 어떤 일이 일어나는지 알 수 있는 유일한 방법은 일주일에 한

번씩 들러 세상 이야기를 전해 주고 가는 우체부뿐이라고 생각해 보세요. 우리는 우체부가 전해 주는 내용을 통해서만 세상을 알 수 있을 것입니다. 우체부가 사실과 다른 내용을 전해 주어도 잘못되었다는 것을 알 방법이 없을 것입니다. 빛은 자연의 모습을 우리에게 전해 주는 우체부라고 할 수 있습니다. 따라서 우체부가 전해 주는 내용이 어떤 것인지 알기 위해서는 우선 우체부에 대해서 자세히 알아야 하는 것입니다.

하지만 인간에게 자연의 모습을 전해 주는 우체부인 빛은 너무 빠르고, 너무 작아 그 정체를 알아내기가 무척 어려웠습니다. 그래서 빛의 정체를 알아내는 일은 오랫동안 별다른

진전이 없었습니다. 과학자들이 빛의 속도를 측정하기 시작한 것은 17세기부터였습니다. 사람의 감각으로는 알아챌 수 없을 만큼 빠른 속도로 달리고 있는 빛의 속도를 측정한다는 것은 쉬운 일이 아니었지만, 여러 가지 방법을 이용하여 빛의 속도가 1초에 지구를 7바퀴 반을 돌 정도로 빠른 속도인 초속 30만 km라는 것을 알아냈습니다.

빛의 속도를 알아낸 과학자들은 빛이 무엇일까에 대해 연구하기 시작했습니다. 그리고 뉴턴은 빛이 아주 작은 알갱이라고 했습니다. 우리가 전등에 불을 켜면 빛이 나오고, 그 빛이 물체에 부딪친 다음 우리 눈에 들어오면 비로소 우리는 물체를 볼 수 있습니다. 그러니까 우리 눈에는 보이지 않지만

무엇인가가 전등에서 나와 물체를 거쳐 우리 눈에 들어오는 것이며, 이것이 바로 빛인 것입니다. 뉴턴은 그것이 아주 작은 알갱이라고 생각한 것입니다.

1800년이 되기 전까지는 대부분의 과학자들은 뉴턴의 설명대로 빛이 작은 알갱이라고 생각했습니다. 그들은 그림자가 생기는 것으로 빛이 알갱이라는 것이 확실하다고 생각했습니다. 빛이 작은 알갱이들이 흘러가는 것이라면 물체를 통과하지 못할 것이고, 물체의 뒤에는 빛이 갈 수 없기 때문에 그림자가 생긴다는 것이었습니다. 하지만 1800년대의 과학자들은 빛이 알갱이가 아니라 파동이라는 것을 밝혀냈습니다.

파동은 무엇일까요? 여러분은 모두 바다에 가 보았을 거예요. 바다에는 하루 종일 파도가 넘실거립니다. 파도가 바로 파동입니다. 먼 바다를 보면 배들이 떠 있는데 배들도 파도를 따라 올라갔다 내려갔다 하지요. 파도를 따라 바닷물이 밀려오는 것처럼 보이지만 사실은 밀려오는 것은 아닙니다. 물론 해변에서는 바닷물이 파도를 따라 모래사장으로 올라오기도 하지만 곧 돌아가지요. 파도를 따라 물이 밀려오는 것이라면 바닷물이 해변에 있는 집들을 모두 삼켜 버릴 것입니다.

파도는 바닷물이 밀려오는 것이 아니라 물이 아래위로 운동하면서 에너지를 전달하고 있는 것입니다. 파도가 전달하는 에너지가 커지면 배를 뒤집어 놓을 수도 있고, 방파제를 부숴 버릴 수도 있습니다.

또한 우리가 귀로 소리를 들을 수 있는 것도 모두 파동 때문입니다. 우리가 말할 때 입에서 나오는 소리에 의해 우리 주위에 있는 공기가 흔들리게 되고, 이 공기의 흔들림이 귀에 전해져서 소리를 듣는 것입니다. 다시 말해 공기를 통해 전해진 에너지가 귀의 고막을 흔들어 소리를 들을 수 있는 것입니다.

파동이란 이렇게 에너지가 전달되는 것입니다. 에너지가 전달되기 위해서는 물이나 공기처럼 에너지를 전해 주는 물질이 있어야 합니다. 이렇게 에너지를 전해 주는 물질을 매질이라고 하지요. 따라서 파동을 한마디로 말하면 매질을 통해 에너지가 전달되는 것이라고 할 수 있습니다.

1800년대의 과학자들은 빛은 알갱이가 아니라 에너지가 전달되는 파동이라고 했습니다. 그리고 여러 가지 실험을 통해 그것이 사실이라는 것을 밝혀냈습니다. 그렇다면 빛의 파동을 전달해 주는 매질은 무엇일까요? 빛은 물이나 공기가 없는 우주에서도 잘 전달됩니다. 따라서 빛의 파동을 전달해 주는 매질은 우리가 알고 있는 것과는 전혀 다른 어떤 것이어야 합니다. 사람들은 빛을 전달해 주는 매질을 찾아낼 수는 없지만 그런 것이 있다고 가정하고 에테르라는 이름을 붙였습니다. 하지만 에테르를 실제로 찾아낼 수는 없었습니다.

그때 빛은 전자기파라고 주장하는 과학자가 나타났습니다. 전자기파란 새로운 것이 아닙니다. 전자기파가 무엇인지 잘 모르는 사람들도 전자기파는 매일 사용하고 있을 정도이니까요. 라디오를 듣거나 텔레비전을 볼 수 있는 것도 모두 전자기파가 방송국에서 하는 방송을 우리 집까지 전해 주기 때문에 가능한 것입니다. 어디에서나 휴대 전화로 통

화를 할 수 있는 것도 모두 전자기파가 신호를 전달해 주기 때문입니다.

우리 눈에는 보이지 않지만 전자기파는 어디에나 날아다니고 있습니다. 그런 전자기파의 종류는 한 가지가 아닙니다. 전자기파의 종류는 파장에 따라 나눌 수 있는데, 그 종류는 셀 수 없이 많습니다.

빛이 이런 전자기파 중의 하나라고 주장한 사람은 영국의 맥스웰(James Clerk Maxwell, 1831~1879)이라는 과학자였습니다. 맥스웰은 세상에는 수없이 많은 종류의 전자기파가 있는데, 사람의 눈은 그중에서 특별한 종류의 전자기파만 볼 수 있고 우리가 그것을 빛이라고 부르고 있다는 것을 밝혀냈

습니다. 그러니까 사람들은 세상에 있는 모든 전자기파를 볼 수 있는 것이 아니라 아주 특별한 전자기파만 볼 수 있다는 것이었습니다.

그렇다면 전자기파라는 파동을 전달해 주는 매질은 무엇일까요? 전자기파를 전달해 주는 매질을 찾아내기 위해 많은 노력을 한 과학자들은 결국 전자기파는 매질이 없어도 전달될 수 있다는 것을 밝혀냈습니다. 빛이 파동이긴 하지만 다른 파동과는 다른 성질을 가지고 있다는 것을 알게 된 것이었습니다. 여러 가지 실험 결과를 종합해 볼 때 빛은 매질 없이도 스스로 전파되는 파동이라는 것을 받아들이지 않을 수 없었습니다.

지금까지 이야기를 정리해 보겠습니다.

파동은 에너지가 매질을 통해 전달되는 것이다.

빛은 파동이다.

파동 중에서도 전자기파이다.

그런데 전자기파는 매질 없이도 전달된다.

무엇인가가 있어야 파동이 전달된다는 것은 우리가 매일 경험하는 사실입니다. 하지만 빛은 우리의 이런 경험과는 전혀 다른 어떤 것이라는 것이 밝혀진 것입니다. 이것은 우리가 감각을 통해 알고 있는 것과는 전혀 다른 일이 우리 주위에서 벌어지고 있다는 것을 알려 주는 것이기도 합니다.

만약 빛이 알갱이가 아니라 에너지가 전달되는 파동이라는 것이 밝혀지고 그것으로 끝났으면 양자 물리학은 나오지 않았을 것입니다. 하지만 1900년대가 되자 또 다른 새로운 사실이 밝혀지기 시작했습니다. 1800년대에는 원자는 알고 있었지만 원자가 전자와 양성자로 이루어져 있다는 것은 몰랐어요. 그때는 원자는 더 이상 쪼개지지 않는 가장 작은 알갱이라고 생각했기 때문에 당연한 것이었습니다. 그런데 1900년경에 톰슨이라는 과학자가 전자를 발견했습니다. 전자가 발견된 후에는 전자를 이용하여 여러 가지 실험을 했습니다.

그래서 전자의 질량을 밝혀내기도 하고, 전자가 가지고 있는 전기량이 얼마인지도 알게 되었습니다. 전자가 우리가 상상할 수 없을 정도로 작다는 것도 밝혀내었습니다. 과학자들 중에는 전자에 빛을 비추면서 어떤 일이 일어나는지 알아보는 실험을 하는 사람도 있었습니다.

전자는 너무 작아 하나하나 떼어내 실험을 할 수는 없었습니다. 하지만 여러 가지 금속 속에는 수없이 많은 전자들이 들어 있었습니다. 따라서 금속에 빛을 비추면 금속 속에 있

는 전자와 빛이 충돌하게 됩니다. 그렇게 되면 전자가 튀어 나오기도 합니다. 물론 우리 눈에는 보이지 않습니다. 성능이 좋은 현미경을 사용해도 볼 수 없는 것은 마찬가지입니다. 세상에 전자를 볼 수 있는 현미경은 없거든요.

하지만 과학자들은 금속에 빛을 비출 때 전자가 얼마의 속도로 튀어나오는지를 알아보는 실험을 했습니다. 이런 실험을 하는 동안에 과학자들은 놀라운 사실을 발견했습니다. 어떤 금속에 붉은색 빛은 아무리 강하게 비추어도 전자가 튀어나오지 않았습니다. 하지만 보라색 빛은 약하게 비추어도 전자가 튀어나온다는 사실을 알게 되었습니다. 붉은색 빛과 보라색 빛은 파장이 다른 전자기파였던 것입니다. 붉은색 빛은 파장이 길고, 보라색 빛은 파장이 짧은 빛입니다. 전자기파는 파장이 짧을수록 에너지가 큽니다. 따라서 보라색 빛은 붉은색 빛보다 에너지가 큰 빛인 것입니다.

그런데 만약 빛이 파동이라면, 파장이 긴 붉은색 빛이라도 강하게 쪼이면 많은 에너지가 전달되어 금속에서 전자가 튀어나와야 합니다. 그런데 붉은색 빛은 아무리 강하게 쬐어도 전자가 튀어나오지 않고, 보라색 빛은 약하게 쪼여도 전자가 튀어나온다는 것은 빛이 파동이 아니라 작은 알갱이라고 해야 설명할 수 있었습니다.

붉은색 빛은 물렁물렁한 고무공이고, 보라색 빛은 단단한 야구공이라고 생각해 보세요. 빛을 강하게 쪼인다는 것은 공을 여러 개 던진다는 뜻입니다. 물렁물렁한 고무공은 아무리 많이 던져도 벽돌 사이에 박혀 있는 돌멩이를 떼어낼 수 없습니다. 하지만 단단한 야구공은 하나만 던져도 돌멩이를 떼어 낼 수 있습니다. 이때 공을 얼마나 많이 던졌는지는 문제가 되지 않습니다. 어떤 종류의 공을 던졌느냐가 더욱 중요하지요. 이렇게 금속에 빛을 비추면서 그때 튀어나오는 전자의 수와 전자가 가지고 있는 에너지를 알아보는 실험을 광전 효과 실험이라고 합니다.

이 실험을 처음 한 사람은 아인슈타인이 아니었습니다. 하

지만 이 실험 결과를 설명하기 위해서는 빛이 알갱이여야 한다고 처음 주장한 사람은 아인슈타인이었습니다. 아인슈타인이 1921년에 노벨상을 받은 것도 빛이 알갱이라는 것을 알아냈기 때문이었습니다. 그 후 빛이 알갱이라는 것을 증명하는 다른 실험을 하는 사람도 나타났습니다. 이런 실험들을 통해 빛이 알갱이라는 사실은 거의 확실해졌습니다.

이렇게 되어 문제는 더욱 복잡해졌습니다. 빛은 파동이고, 파동 중에서도 전자기파라는 것을 확실한 사실로 알고 있었는데 빛이 작은 알갱이라니 도대체 어떤 것을 믿어야 할지 과학자들은 혼란스러웠습니다. 빛이란 과연 무엇일까요? 우리가 직접 볼 수 없는 작은 세상을 연구하는 과학자들은 많은 어려움을 겪어야 했습니다.

하지만 어려움은 새로운 것을 이루어 내는 기회가 되기도 합니다. 빛 에너지가 전달되는 파동이냐 아니면 작은 알갱이냐의 문제를 해결하는 일은 어려운 일이었지만, 그 일을 해결하고 나니까 양자 물리학이라는 새로운 물리학이 탄생할 수 있었습니다. 파동이냐 알갱이냐의 문제를 어떻게 해결했는지는 다음 시간에 자세히 이야기하기로 할까요? 빨리 알고 싶겠지만 조금만 참으세요.

만화로 본문 읽기

선생님, 태양에서 나온 빛이 어떻게 생긴 것인가요?
많은 사람들이 그런 궁금증을 가지고 있었지요.

하지만 빛은 너무 빨라서 빛의 정체를 알아내는 일은 오랫동안 별다른 진전이 없었습니다.
빛은 무엇일까요?

뉴턴은 빛이 아주 작은 알갱이라고 했습니다.
그럼 빛은 알갱이로군요!
전등에 불을 켜면 빛의 작은 알갱이가 나오고, 그 빛이 물체에 부딪힌 다음 우리 눈에 들어오면 물체를 볼 수 있다고 생각했지요.

하지만 1800년대의 과학자들은 빛이 알갱이가 아니라 전자기파라는 파동이며, 매질이 없어도 전파되는 전자기파라는 것을 알게 되었습니다.
그럼 빛은 파동인 건가요?
빛은 파동이다!

아닙니다. 1900년대가 되자 원자 안에는 전자가 있다는 것이 발견되었고, 실험을 통해 빛이 알갱이라는 것을 알아냈습니다. 이 사실을 주장한 사람이 바로 아인슈타인입니다.
빛이 알갱인지 파동인지 너무 헷갈려요.

빛이 파동이냐 작은 알갱이냐의 문제를 해결하면서 양자 물리학이라는 새로운 물리학이 탄생할 수 있었답니다. 빛이 파동이냐, 알갱이냐에 대한 답은 다음 시간에 이야기할까요?
양자 물리학에 대해 조금씩 알아 가는 것 같아요. 더 알고 싶어요!

다섯 번째 수업

5

새 나라와 짐승 나라의 전쟁

새 나라와 짐승 나라는 전쟁을 합니다.
현명한 박쥐 나라의 왕은 어떤 결론을 내렸을까요?
빛과 같은 입장에 있던 박쥐 나라의 왕 이야기를 읽어 봅시다.

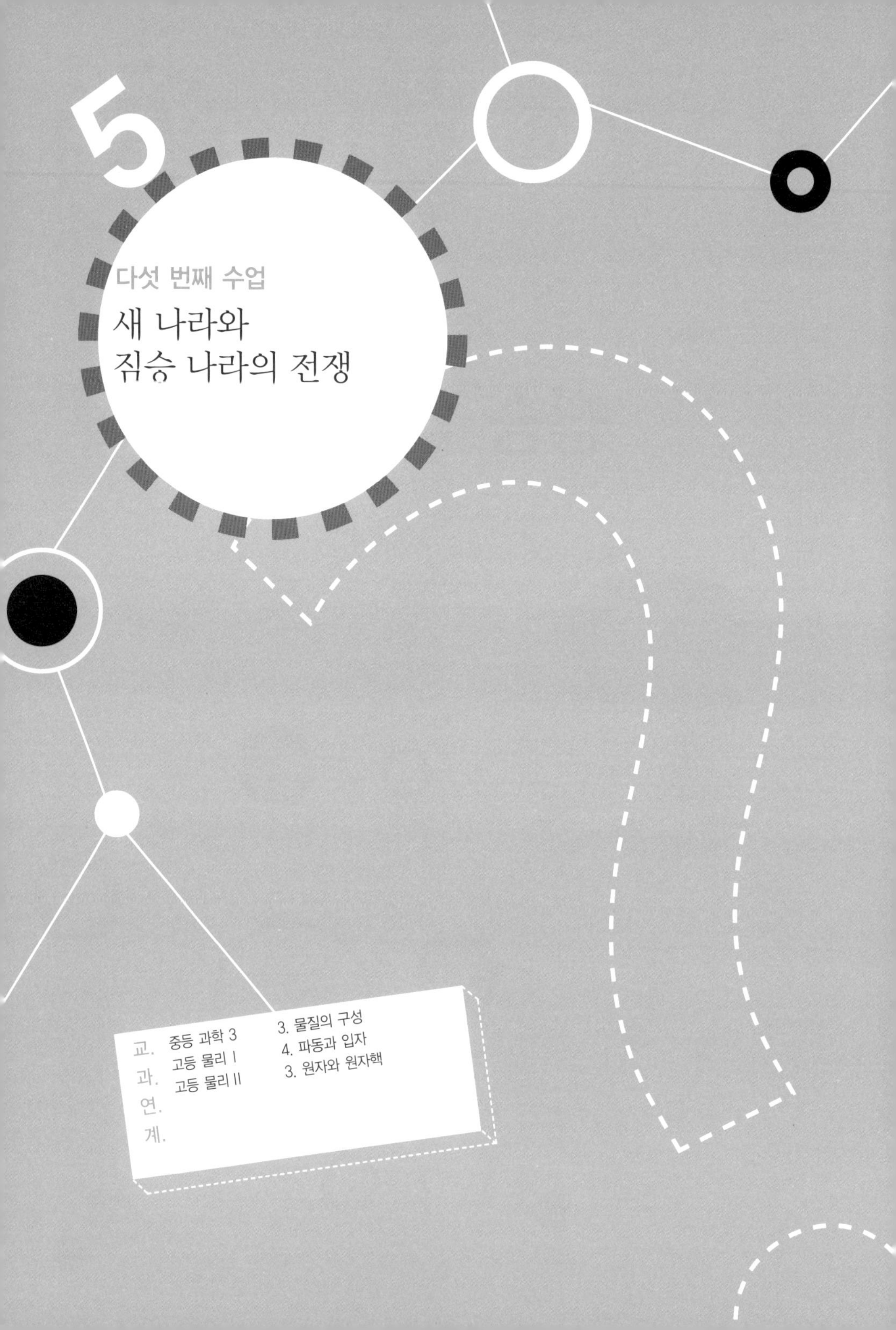
5
다섯 번째 수업
새 나라와
짐승 나라의 전쟁
교.
과.
연.
계.
중등 과학 3
고등 물리 I
고등 물리 II
3. 물질의 구성
4. 파동과 입자
3. 원자와 원자핵

슈뢰딩거가 재미있는 이야기로 다섯 번째 수업을 시작했다.

빛 이야기를 계속하기 전에 박쥐 이야기부터 먼저 하겠습니다. 박쥐에 대해서는 여러 가지 이야기가 전해져 오고 있습니다. 그래서 여러분들도 박쥐에 대한 한두 가지 이야기는 들어 보았을 것입니다. 지금 여러분들에게 들려주려는 이야기도 잘 들어 보세요.

아주 오래전 동물 나라에 전쟁이 일어났습니다. 땅 위에 사는 거의 모든 동물이 참여하는 대규모 전쟁이었습니다. 동물들은 땅 위에 사는 짐승들과 하늘을 날아다니는 새로 나뉘어

전쟁을 시작했습니다.

따라서 짐승들과 새들은 전쟁에 이기기 위해 온갖 방법을 다 동원했습니다. 새들은 돌멩이를 하늘 높이 물고 올라가 땅 위 짐승들의 머리 위에 떨어뜨렸습니다. 그래서 많은 동물들이 다쳤습니다. 그러자 짐승들은 새들의 쉴 곳을 없애기 위해 나무를 모두 베어 버렸습니다.

처음에는 새들이 우세했습니다. 하늘을 뒤덮을 것처럼 까맣게 몰려온 새들이 하늘에서 돌멩이를 떨어뜨리자 짐승들은 밖에 나오지도 못하고 굴속에 숨어 있어야 했습니다. 하지만 짐승들도 곧 반격을 시작했습니다. 새들이 날아다니지 않는 밤에 새들의 보금자리를 공격하여 새들에게 큰 피해를 입혔습니다. 이렇게 해서 새 나라와 짐승 나라의 전쟁은 일진일퇴를 거듭하고 있었습니다.

그러는 동안 양쪽 나라에서는 사상자들이 계속 늘어 갔습니다. 그러자 새 나라와 짐승 나라는 더 많은 동물들을 자기 편으로 끌어들이기 위해 애를 썼습니다. 처음에는 구경만 하던 뱀 같은 파충류들은 짐승 편에 가담했습니다. 개구리 같은 양서류도 짐승 편을 들었지요. 하지만 곤충들은 새 편에 서기로 했습니다. 따라서 전쟁은 더욱 치열해져 갔습니다. 지구 전체가 전쟁터가 된 것 같았습니다.

하지만 박쥐들은 전쟁 중에도 회의만 거듭하고 있었습니다. 박쥐들은 새들 편에 설 것인지 짐승 편에 설 것인지를 결정하지 못하고 있었기 때문이었습니다. 어떤 박쥐들은 하늘을 날아다니는 새들이 이길 테니까 새들 편에 서야 한다고 주장했고, 어떤 박쥐들은 한때는 새들이 우세할지 몰라도 결국 땅을 차지하는 것은 짐승들일 테니까 짐승들 편에 서자고 주장했습니다. 박쥐들은 매일 모여 수없이 회의를 해도 결론을 내지 못했습니다.

그때 전쟁에서 새들이 이길 것 같다는 소식이 전해졌습니다. 그러자 새들 편에 서자는 박쥐들이 많아졌습니다. 하지만

짐승이 이길 거라고 주장하는 박쥐들도 자신들의 주장을 굽히지 않았습니다. 이번에도 또 아무런 결정도 내리지 못하고 말았습니다.

그런데 얼마 후에 전세가 역전되어 땅 위의 짐승들이 우세하게 되었다는 소식이 전해졌습니다. 그러자 이번에는 짐승 편에 서야 한다는 박쥐들이 많아졌습니다. 새들이 아무리 하늘을 날아다닌다고 해도 결국은 땅으로 내려와 쉬어야 하고 알도 낳아야 하기 때문에 결국은 짐승들이 이길 수밖에 없다는 것이었습니다. 땅에 사는 많은 짐승들이 모든 땅을 지키면 새들은 갈 곳이 없을 것이라고도 했습니다.

하지만 이번에도 결론을 내릴 수 없었습니다. 하늘을 날아다니는 새는 짐승이 올라갈 수 없는 높은 산에 본부를 만들고 그곳을 중심으로 하늘에서 공격을 가하면 짐승들이 당해 낼 수 없을 것이라고 주장하는 박쥐들이 아직 많았기 때문이었습니다.

어떤 편을 들어야 할지를 놓고 이렇게 회의를 계속하고 있는 동안에 새 나라와 짐승 나라는 대표를 보내 박쥐들에게 서로 자신의 편이 돼 달라고 요구했습니다. 그러고는 시일을 정해 그때까지 어떤 편에 설 것인지를 정하지 않으면 적으로 간주하겠다고 협박도 했습니다.

이렇게 되자 박쥐들도 계속 회의만 하고 있을 수 없게 되었지요. 이제는 태도를 정하고 새 편이나 짐승 편이 되어 싸우는 수밖에 없었습니다. 하지만 어느 편을 들 것인지 정할 수 없었으니 답답한 노릇이었습니다. 그래서 박쥐 나라 왕은 박쥐들 중에서 가장 현명하다는 철학자 박쥐를 찾아갔습니다. 깊은 동굴 속에 거꾸로 매달려 도를 닦고 있던 철학자 박쥐에게 왕이 물었지요.

"철학자 박쥐시여, 우리에게 지혜를 빌려 주시오. 지금 동물들이 새 나라와 짐승 나라로 나뉘어 전쟁을 하고 있는데 우리는 어느 편을 드는 것이 유리하겠습니까?"

그러나 철학자 박쥐는 뒤도 돌아보지 않고 대답했습니다.

"왜 어느 편을 들어 같이 망하려 하십니까?"

"어느 편도 들지 않으면 양쪽에서 공격을 받게 될 테니 그것은 더욱 위험할 것입니다. 따라서 우리는 새 나라든 짐승 나라든 한쪽 편을 들지 않을 수 없게 되었습니다."

"그러면 새 나라나 짐승 나라가 아니라 동물 나라 편을 들도록 하십시오."

"지금 동물들이 새 나라와 짐승 나라로 나뉘어 싸우고 있는데 어떻게 동물 나라 편을 든다는 것입니까?"

"박쥐는 새요? 아니면 짐승이요?"

"박쥐는 하늘을 날아다니니까 새라고 할 수도 있고, 알을

낳지 않고 새끼를 낳아 기르니까 짐승이라고 할 수도 있지요."

"그러니까 새라고 할 수도 있고 짐승이라고 할 수도 있고, 새가 아니라고 할 수도 있고 짐승이 아니라고 할 수도 있다는 이야기 아닙니까?"

"그렇습니다."

"그러나 박쥐가 동물인 것은 확실하지 않습니까?"

"그렇기는 합니다만……."

"하늘을 나는 것이 새라면 짐승들도 알고 보면 새의 성질을 조금씩 가지고 있는 것입니다. 그들도 펄쩍펄쩍 뛸 때마다 하늘을 나는 것입니다. 그리고 새들도 알을 낳는다고 하지만 그것도 새끼를 낳는 것이나 다름없는 것입니다. 동물들의 배 속에도 알들이 들어 있으니까요. 다만 새끼가 뱃속에서 나왔느냐 아니면 알이 몸 밖으로 나와 알에서 나왔느냐가 다를 뿐인 것입니다. 그러니 굳이 새와 짐승으로 나누어 싸우는 것은 무의미한 일인 것입니다."

"하지만 이미 저렇게 편을 나누어 싸우고 있지 않습니까? 우리들에게는 자기 편을 들어 달라고 협박까지 하고요."

"그러니까 박쥐는 동물 나라 편을 들라는 것 아닙니까. 박쥐는 어느 편을 들 것이 아니라 새와 짐승이 다를 것이 없다는 것을 설득시켜서 전쟁을 끝내도록 해야 한다는 말입니다."

그제야 박쥐 나라 왕은 철학자 박쥐가 하려는 이야기가 무슨 이야기인지 알아차렸습니다. 그리고 새 나라와 짐승 나라에 대표 박쥐를 보내 대표 회담을 열자고 제의했습니다. 그리고 그 자리에서 자신들이 어느 편을 들 것인지 선언하겠다고 했습니다. 그리고 정해진 날짜에 양쪽 나라 대표들은 한 자리에 모였습니다. 그러자 박쥐 왕이 입을 열었습니다.

"우리 박쥐들은 아직 어느 편을 들 것인지를 정하지 못하고 있습니다. 그것은 우리가 새인지 짐승인지 우리도 모르고 있기 때문입니다. 따라서 오늘 양쪽 나라에서 오신 대표께서 우리가 새인지 짐승인지 밝혀 주시면 그 결과에 따라 어느 한쪽 편을 선택하도록 하겠습니다. 먼저 새 나라 대표님에게 묻겠습니다. 우리 박쥐는 새입니까, 아니면 짐승입니까?"

"박쥐는 말할 것도 없이 새이지요. 하늘을 그렇게 훨훨 날아다니면서 짐승이라니 그게 말이나 됩니까?"

"그렇다면 닭이나 타조는 새입니까, 아니면 짐승입니까?"

"그야 당연히 새이지요. 많이 날지는 못해도 날개가 있고, 나는 것처럼 달릴 수도 있으니까요."

"그렇다면 날아다닌다고 하는 것은 무슨 뜻입니까?"

"땅에 발을 대지 않고 하늘에 떠 있을 수 있다는 것이지

요.”

“짐승들도 빨리 달릴 때는 잠시지만 하늘에 떠 있고, 원숭이들은 이 나무에서 저 나무로 건너뛰어 다니는데 그것은 나는 것이 아닙니까? 타조가 달리는 것과 다를 것이 없지 않습니까?”

“그렇다고 해도 하늘을 나는 박쥐가 새인 것은 틀림없다고 생각합니다. 그러니까 박쥐들은 새 나라의 편을 들어야 합니다.”

“좋습니다. 그렇다면 이제 짐승 나라 대표님에게 질문하겠습니다. 박쥐는 새입니까, 아니면 짐승입니까?”

“당연히 짐승이지요. 박쥐도 새끼를 낳아 기르지 않습니까? 새끼를 낳는 동물은 모두 짐승입니다. 박쥐가 가지고 있는 날개는 원래 날개가 아니라 앞발이 진화되어 변한 것입니다. 그러니까 짐승이 틀림없습니다. 박쥐는 우리 짐승 편에 서야 합니다.”

“그렇다면 뱀같이 새끼가 아니라 알을 낳는 동물은 왜 새 편이 아니라 짐승 편을 들어 싸우고 있는 것입니까? 새끼를 낳느냐 아니면 알을 낳느냐가 그렇게 중요합니까?”

“그렇다면 박쥐는 새 나라 편을 들겠다는 겁니까? 태도를 확실히 하세요.”

“이제 두 나라 대표님들의 이야기를 잘 들었습니다. 그리고 우리는 결론을 내렸습니다. 우리는 동물 나라 편을 들기로 했습니다.”

그 이야기를 듣자 두 나라에서 온 대표들은 무슨 말인지 몰라 어리둥절해했습니다. 그래서 두 사람은 동시에 박쥐 나라 왕에게 질문을 했습니다.

“동물 나라라니, 그게 어느 편을 말하는 거요?”

“말 그대로 동물 나라를 말합니다. 새와 짐승은 뚜렷하게 구별되는 것 같지만 자세히 보면 공통점이 더 많습니다. 우리 박쥐들처럼 새와 짐승의 특징을 모두 가지고 있는 동물도 있고, 타조처럼 새지만 짐승과 비슷하게 살아가는 동물도 있습니다. 따라서 새와 짐승으로 나누어 싸우는 것은 아무 의미가 없다고 봅니다. 우리는 모두 동물이라는 공통점을 가지고 있을 뿐입니다. 우리는 그동안 새 편에 서야 하는지 아니면 짐승 편에 서야 하는지에 대해서 수없이 많은 고민을 했습니다. 하지만 철학자 박쥐가 우리에게 새와 짐승은 조금씩 다른 특징을 가지고 있기는 하지만 공통점을 더 많이 가지고 있는 다 같은 동물이라는 가르침을 주었습니다. 그래서 우리는 새나 짐승 나라 편이 아니라 동물 나라 편을 들기로 한 것입니다. 따라서 여러분도 더 이상 새 나라와 짐승 나라로 나

누어 싸우지 말고 같이 협력해서 잘 살아가기를 바랍니다.”

새 나라와 짐승 나라에서 온 대표들은 그 이야기를 듣고 아무 대답도 못했습니다. 그러고는 자기네 나라로 돌아가서 의논을 한 다음에 결론을 알려 주겠다고 하고 각자의 나라로 돌아갔습니다.

며칠 후 양쪽 나라의 대표가 다시 박쥐 나라에 찾아왔습니다. 이번에는 짐승 나라의 왕인 사자와 새 나라의 왕인 독수리도 같이 왔습니다.

박쥐 왕과 두 나라의 왕 그리고 대표들이 함께 같은 자리에 앉았습니다. 먼저 박쥐 나라 왕이 이야기를 시작했습니다.

“새 나라 왕과 짐승 나라 왕이 함께 이 자리에 참석하신 것

을 환영합니다. 이것은 두 나라가 모두 동물 나라로 통일하겠다는 뜻이라고 생각합니다. 우리는 오랫동안 동물을 새와 짐승으로 나누어 생각했습니다. 하늘을 높이 나는 새와 땅을 박차고 달리는 짐승을 보면서 세상에는 새와 짐승만 있는 것으로 생각한 것입니다. 하지만 세상에는 새와 비슷하면서 짐승과 닮은 동물도 많고, 짐승과 비슷하면서 새를 닮은 동물도 많다는 것을 알게 되었습니다. 어떤 동물은 새의 특징을 더 많이 가지고 있고, 어떤 동물은 짐승의 특징을 더 많이 가지고 있지만 두 가지 특징을 모두 가지고 있는 동물도 많습니다. 우리 박쥐가 그 대표적인 예이지요. 따라서 새와 짐승 나라로 나누어 전쟁을 하는 것은 무의미한 일입니다. 이제 두 나라 왕께서 오셨으니 서로 화해하시고 앞으로 잘 지냈으면 좋겠습니다."

그러자 이번에는 짐승 나라 왕인 사자가 앞으로 나왔습니다.

"박쥐 왕의 이야기를 잘 들었습니다. 우리는 땅을 차지하고 있는 우리가 지구의 주인이 되어야 한다고 생각했습니다. 그런데 박쥐 왕의 이야기를 듣고 보니 우리도 새와 비슷한 특징이 많다는 것을 알게 되었습니다. 방식은 조금 다르지만 자손을 낳아 기르고, 늙으면 죽습니다. 그리고 살아가기 위해서는 매일 음식을 먹어야 하고요. 결국 새와 짐승의 특징은 조

금씩 달라도 모두 동물이라는 것을 깨닫게 되었습니다. 그래서 박쥐 왕의 제안대로 앞으로는 사이좋게 지낼 것을 새 나라 왕에게 제의합니다."

이제 새 나라의 왕 독수리의 차례였습니다.

"저는 그동안 박쥐들을 못마땅하게 생각했었습니다. 새와 짐승의 가운데에 서서 어느 쪽에 붙을까 이리저리 재기만 하는 것으로 생각했었지요. 하지만 박쥐들이 어느 쪽도 택할 수 없는 상황에서 많은 고민을 하고 있었다는 것을 알게 되었습니다. 그리고 박쥐야말로 우리 새 나라와 짐승 나라가 싸워서는 안 된다는 교훈을 주고 있다는 것을 알게 되었습니다. 우리는 동물 나라로 통일하자는 사자 왕의 제안에 동의합니다."

독수리 왕의 이야기가 끝나자 모두 박수를 쳤습니다. 그리고 독수리 왕과 사자 왕이 일어나서 박쥐 왕에게 인사를 했습니다. 동물들은 더 크게 박수를 쳤습니다. 이렇게 해서 동물 나라의 전쟁은 모두 끝나고 평화가 찾아왔습니다.

빛 이야기를 하다가 난데없이 왜 박쥐 이야기를 했냐고요? 빛은 새 나라와 짐승 나라 사이에 있는 박쥐와 같은 처지에 있었습니다. 그러면 다음 시간에는 빛이 왜 박쥐와 같은 처지에 있었는지 자세히 알아보기로 합시다.

만화로 본문 읽기

박쥐 왕이여,
당신은 어느 편이오?
우리는 동물 나라 편을
들기로 했습니다.

동물 나라라니, 그게 어느 편을 말하는 거요?
철학자 박쥐가 우리에게 새와 짐승은 조금씩 다른 특징을 가지고 있기는 하지만 공통점을 더 많이 가지고 있는 다 같은 동물이라는 가르침을 주었습니다.

따라서 여러분도 더 이상 새와 짐승 나라로 나누어 싸우지 말고 같이 협력해서 잘 살아가기를 바랍니다.

며칠 후
우리는 우리가 지구의 주인이 되어야 한다고 생각했습니다. 그런데 박쥐 왕의 이야기를 듣고 보니 우리도 새와 비슷한 특징이 많다는 것을 알게 되었습니다.

박쥐야말로 우리 새 나라와 짐승 나라가 싸워서는 안 된다는 교훈을 주고 있다는 것을 알게 되었습니다. 우리는 동물 나라로 통일하자는 사자 왕의 제안에 동의합니다.

그럼 앞으로는 평화롭게
살아갑시다.
와아

여섯 번째 수업

6

빛의 이중성

빛은 입자성과 파동성을 모두 가지고 있습니다.
전자는 어떨까요?
전자의 이중성에 대해서 알아봅시다.

6

여섯 번째 수업

빛의 이중성

교.
과.
연.
계.

중등 과학 3	3. 물질의 구성
고등 물리 I	4. 파동과 입자
고등 물리 II	3. 원자와 원자핵

슈뢰딩거가 빛을 새 나라와
짐승 나라의 전쟁 이야기에 비유하며
여섯 번째 수업을 시작했다.

빛이 파동 중에서도 전자기파라는 것은 의심할 수 없는 사실이었습니다. 하지만 아인슈타인이 밝혀냈듯이 빛은 작은 알갱이라는 것도 확실한 사실이었습니다. 과학자들이 뉴턴 이래로 200년이 넘게 빛이 파동인지 알갱이인지에 대한 논쟁을 벌였지만 1910년대에는 결국 원점으로 돌아와 버리고 만 것입니다. 빛이 파동이라는 증거도 발견되었고, 작은 알갱이라는 증거도 많이 발견되었기 때문에 파동인지 알갱이인지 결정하기가 더 어려워졌습니다. 그렇다면 빛은 도대체 무엇일까요?

만약 파동 나라와 알갱이 나라가 전쟁을 벌였다면 과학자들은 꼼짝없이 박쥐들처럼 어느 편을 들어야 되는지를 놓고 끝없는 논란을 벌였을 것입니다. 박쥐처럼 1910년대의 과학자들은 이 문제를 가지고 고민을 하지 않을 수 없었습니다. 그래서 많은 논란을 벌였지요. 그때 철학자 박쥐처럼 문제를 풀어낸 한 사람이 나타났습니다.

그 사람은 바로 프랑스의 드브로이(Louis Victor de Broglie, 1892~1987)라는 과학자였습니다. 드브로이는 사람들은 빛을 항상 파동과 알갱이로 구별하려고 하지만 아주 작은 세계로 들어가면 그런 구별이 가능하지 않다고 설명했습니다. 따라

서 빛은 파동의 성질도 가지고 있고, 알갱이의 성질도 가지고 있는 것이었습니다. 이렇게 2가지 성질을 모두 가지고 있다는 것을 이중성이라고 합니다. 그러니까 빛은 새 나라와 짐승 나라 사이의 박쥐처럼 2가지 성질을 모두 가지고 있는 이중적인 존재라는 것입니다. 다만 우리 감각이 무디기 때문에 빛이 가지고 있는 이런 이중적 성질을 잘 알아차리지 못해 어떤 때는 파동이라고 하고, 어떤 때는 작은 알갱이라고 생각하고 있었을 뿐이라는 것이었습니다.

파동과 알갱이의 이중성이란 어떤 것일까요? 파동과 알갱

이의 이중성을 이해하기 위해서는 우선 파동이 무엇인지 알아보아야 합니다. 파동이란 파도를 보면 쉽게 알 수 있습니다. 그렇지만 파동과 알갱이의 성질을 동시에 갖는다는 것을 이해하는 것은 쉽지 않았습니다. 파도는 계속 이어지기 때문에 알갱이의 개념으로 받아들이기 어려웠기 때문이었습니다.

하지만 파동 중에는 파도처럼 계속 이어지는 파동만 있는 것은 아닙니다. 총소리처럼 가까이에서 무언가 터지는 큰 소리를 들어 본 사람 있나요? 가까이에서 총을 쏘면 총소리는 귀가 아플 정도로 심하게 귀를 때립니다. 마치 콩알 같은 알갱이가 빠른 속도로 날아와 귀를 때리는 것과 똑같은 통증을 느낄 수도 있습니다. 총소리에 창문이 덜렁거리며 흔들리기도 합니다.

총소리는 물론 파동입니다. 하지만 알갱이가 날아오듯이 날아와 우리 귀를 때리기도 하고 창문을 흔들 수도 있습니다. 이때 총소리는 알갱이와 아주 비슷하게 작용하지요. 만약 총소리가 아니라 대포 소리라면 더 큰 힘으로 우리 귀를 멍하게 만들 수도 있고, 사람을 넘어뜨릴 수도 있습니다. 이렇게 소리라고 하는 보이지도 셀 수도 없는 아주 작은 세계에 들어가면 빛이 파동처럼 작용하기도 하고, 알갱이처럼 작용하기도 한다는 것입니다.

드브로이는 빛이 파동과 알갱이의 성질을 모두 가지는 박쥐 같은 존재라고 이야기했을 뿐만 아니라 전자와 양성자 같은 작은 알갱이들도 파동의 성질을 가진다고 주장했습니다. 짐승들이 새의 특징을 조금씩 가지고 있고, 새들이 짐승들의 특징을 조금씩 가지고 있는 것처럼 알갱이는 파동의 성질을 가지고 있고, 파동은 알갱이의 성질을 가지고 있다는 것이었지요. 이것은 빛이 파동과 알갱이의 성질을 모두 가지고 있다는 것보다 훨씬 충격적인 사실이었습니다.

빛은 특별한 존재이니까 2가지 성질을 가질 수 있다고 해

도 전자와 같은 알갱이가 파동의 성질을 가진다는 것은 받아들이기 힘든 주장이었습니다. 앞에서도 여러 번 이야기했지만 아주 작은 세계로 들어가면 우리가 평소에 경험하는 것과는 다른 일들이 벌어지고 있습니다. 전자나 양성자와 같은 작은 알갱이들이 파동의 성질을 가진다는 것이 어떤 의미인지 정확히 설명하기 어려운 것은 이 때문이었습니다.

파동과 알갱이의 성질을 모두 가진다는 것이 우리의 경험과는 다른 것이기 때문에 한마디로 설명하기는 힘들지만 일상생활 속에서도 이와 비슷한 경험을 할 때가 있습니다. 여름이 되면 우리나라에는 몇 차례씩 태풍이 몰려옵니다. 태풍이 남쪽 바다에서부터 우리나라를 향해 올라오면 텔레비전에서는 태풍이 어느 곳까지 왔는지 계속 중계를 해 주지요. 마치 태풍이 축구공인 것처럼 지금 어느 지점을 시속 몇 km의 속력으로 어느 방향으로 다가오고 있다고 중계하는 것을 여러분도 듣고 본 적이 있을 것입니다.

하지만 막상 태풍이 우리가 살고 있는 지방에 상륙하면 바람이 좀 심하게 불기는 해도 지금 어느 곳에 있는지 정확히 알 수는 없습니다. 그러나 인공위성으로 태풍을 보면 축구공 같은 태풍의 모습이 뚜렷하게 보입니다. 그래서 어느 방향으로 어떻게 움직이고 있는지 알 수 있는 것입니다.

하지만 태풍의 중심에 들어가 보면 태풍이 정확하게 어디 있는지 알 수 없습니다. 태풍은 축구공 같은 물체가 아니라 공기를 통해 전달되는 에너지이기 때문이지요. 그러니까 태풍은 보는 방법에 따라 축구공과 같은 물체처럼 취급할 수도 있고, 에너지의 흐름인 파동으로 볼 수도 있다는 것입니다.

이런 예는 또 있습니다. 축구장에 수많은 사람들이 모여 응원을 하는 모습은 우리에게 아주 낯익은 광경입니다. 응원 중에서 가장 인기 있는 것은 파도타기 응원입니다. 파도타기 응원이란 앞에서 응원 단장이 깃발을 들고 달리면 그에 따라 관중들이 함성을 지르며 일어났다 앉는 응원입니다. 가까이에서 보면 사람 개개인이 차례로 일어났다 앉는 모습입니다. 즉, 수직으로 운동하는 모습이며 이때 사람은 입자처럼 보입니다. 그러나 아주 멀리서 보면 응원 단장의 깃발을 따라 관중석에서 무슨 물체가 움직여 가는 것처럼 보입니다. 즉, 사람이 앉았다 일어서는 모습이 연결되어 물결처럼 보이고 이런 모습은 파동처럼 보이는 것입니다.

드브로이의 발표 후 많은 과학자들은 전자를 이용해서 실험을 했습니다. 그러고는 전자가 파동의 성질을 가진다는 것을 밝혀냈습니다. 따라서 파동과 알갱이 사이에서 박쥐 같은 입

장에 있는 것은 빛만이 아니었습니다. 전자같이 아주 작은 알갱이들도 빛과 비슷한 처지에 있었던 것입니다. 아주 작은 알갱이들은 파동과 알갱이의 성질을 모두 가지지만, 알갱이의 크기가 커지면 커질수록 파동의 성질은 사라지고 알갱이의 성질만 남게 되어 누가 보아도 알갱이로 보이게 되는 것입니다.

여러분은 현미경이 무엇인지 잘 알고 있을 것입니다. 현미경은 작은 물체를 크게 확대해 보는 장치입니다. 따라서 현미경을 이용하면 세포와 미생물처럼 맨눈으로는 보이지 않는 작은 생명체들도 볼 수 있습니다. 하지만 빛을 이용하는 현미경으로는 물체를 마음대로 크게 확대해 볼 수 없습니다. 대개 1,000배 정도가 최고 한도입니다. 이보다 더 크게 확대하면 상이 흐려진다든지 초점을 맞추기 힘들다든지 하는 여러 가지 문제가 생깁니다.

그래서 물체를 수십만 배까지 확대해 보기 위해서는 빛을 이용하는 현미경이 아니라 전자를 이용하는 전자 현미경을 사용해야 합니다. 전자 현미경에서는 전자가 빛과 똑같은 역할을 합니다. 전자를 이용해 아주 작은 물체를 볼 수 있다는 것은 전자도 빛처럼 파동과 알갱이의 성질을 모두 가지고 있다는 확실한 증거라고 할 수 있습니다.

이제 이 정도 준비가 되었으면 양자 물리학이 무엇인지를 이야기할 때가 된 것 같습니다. 그러나 양자 물리학 이야기를 하기 전에 우선 지금까지 한 이야기들을 정리해 보겠습니다. 우리는 처음에 에너지가 알갱이로 되어 있다는 이야기를 했었습니다. 여러 가지 실험을 통해 에너지도 알갱이라는 것을 알아냈다고 했던 것도 기억하고 있을 거예요. 하지만 뉴턴 역학으로는 알갱이로 되어 있는 에너지를 다룰 수 없었기 때문에 새로운 물리학이 필요하다는 이야기도 했습니다. 그러고는 갑자기 빛이 알갱이냐 파동이냐 하는 이야기로 넘어왔습니다. 그래서 빛은 파동이라고도 할 수 있고, 알갱이라고도 할 수 있다는 이야기를 했습니다. 전자와 같은 작은 알갱이들도 파동의 성질을 가진다는 이야기도 했습니다.

이런 이야기들이 서로 어떤 관계가 있을까요? 문제는 알갱이로 되어 있는 에너지를 어떻게 다룰 것이냐 하는 것이었습니다. 이것은 특히 전자와 같은 작은 알갱이들을 다룰 때 중요한 문제였습니다. 앞에서 이야기한 대로 뉴턴 역학은 알갱이로 되어 있는 에너지를 다룰 수는 없습니다. 그것은 뉴턴 역학으로는 전자와 같은 작은 세계의 일들을 설명할 수 없다는 말이기도 합니다. 그러면 전자는 어떻게 다루면 될까요? 이 문제를 해결한 사람이 바로 나 슈뢰딩거입니다. 이 문제를 해결한 공식이 슈뢰딩거 방정식이고요.

전자는 알갱이의 성질도 가지고 있고, 파동의 성질도 가지고 있다고 했습니다. 그런데 전자를 알갱이로 다루어서는 전자가 가지는 에너지를 설명할 수 없습니다. 그렇다면 이제 한 가지 방법이 남아 있을 뿐입니다. 그것은 전자를 파동으로 다루는 것입니다. 지금까지 전자는 파동의 성질도 가진다는 것을 설명했잖아요. 따라서 전자를 파동으로 다루어도 아무 문제가 없습니다. 전자를 파동으로 다루면 전자가 가질 수 있고 주고받을 수 있는 에너지의 크기를 계산해 낼 수 있습니다.

전자와 같은 작은 알갱이들을 파동으로 다루자는 생각을 한 사람은 여러 명 있었습니다. 하지만 그런 계산에 성공한 사람은 바로 나였지요. 슈뢰딩거 방정식은 바로 전자를 파동으로 다루는 방정식입니다. 조금 복잡한 방정식이어서 여기에 써서 보여 줄 수 없다는 것이 아쉽습니다. 슈뢰딩거 방정식은 전자를 파동으로 다루어 전자가 가질 수 있는 에너지 알갱이의 크기를 계산해 내는 식입니다.

처음에는 사람들이 슈뢰딩거 방정식을 좋아하지 않았지만 점점 그 가치를 인정하게 되었습니다. 슈뢰딩거 방정식을 이용하면 수소 원자 속에 있는 전자가 가질 수 있는 에너지의 크기를 정확하게 계산하고, 수소 원자가 내는 빛의 종류와 세기까지 계산해 낼 수 있었습니다. 그뿐만이 아니라 금속 속에 있는 전자들이 어떤 에너지를 가지고 어떻게 운동하는지도 모두 알 수 있었습니다. 전자가 여러 가지 일을 할 수 있게 된 것은 이렇게 슈뢰딩거 방정식을 통해 전자들이 어떤 에너지를 가지고 어떻게 운동하는지 알게 되었기 때문입니다.

하지만 내가 만든 슈뢰딩거 방정식이나 양자 물리학은 치명적인 약점이 있었습니다. 그것을 해결하지 않고는 완전한 것이라고 할 수 없었지요. 내가 제안한 슈뢰딩거 방정식의 약점이 무엇이었고, 또 그것을 어떻게 해결했는지에 대해서는 다음 강의에서 자세하게 이야기하기로 하지요.

만화로 본문 읽기

선생님, 빛은 도대체 무엇일까요?
파동과 알갱이 사이에서 많은 과학자들은 고민을 하지 않을 수 없었습니다.

이 문제를 처음으로 푼 드브로이는 빛은 항상 파동과 알갱이의 양쪽 성질은 다 가지고 있다고 생각했지요.
그럼 박쥐 같은 경우네요.
빛은 파동과 알갱이의 성질이 다 있어!

맞아요. 빛은 이런 두 가지 성질을 모두 가지고 있는 이중적인 존재인 것입니다.
빛 이외에도 파동과 알갱이의 이중성을 갖는 것이 있나요?

네. 전자와 양성자와 같은 작은 알갱이도 파동의 성질을 가지고 있습니다.

여기서 전자를 파동으로 다루어 전자가 가질 수 있고 주고받을 수 있는 에너지의 크기를 계산해 내는 방정식을 바로 내가 만든 것입니다.
우아, 정말 대단해요.

이 슈뢰딩거 방정식을 통해 전자들이 어떤 에너지를 가지고 어떻게 운동하는지 알게 되었기 때문에 전자가 여러 가지 일을 할 수 있게 되었답니다.
어렵지만 성날 대단한 방정식이군요.

일곱 번째 수업 7

확률의 세계

톰킨스 씨의 신비한 나라 여행을 쫓아가 봅시다.
확률 나라에서 어떤 일이 벌어졌을까요?
확률과 전자의 관계에 대해서도 알아봅시다.

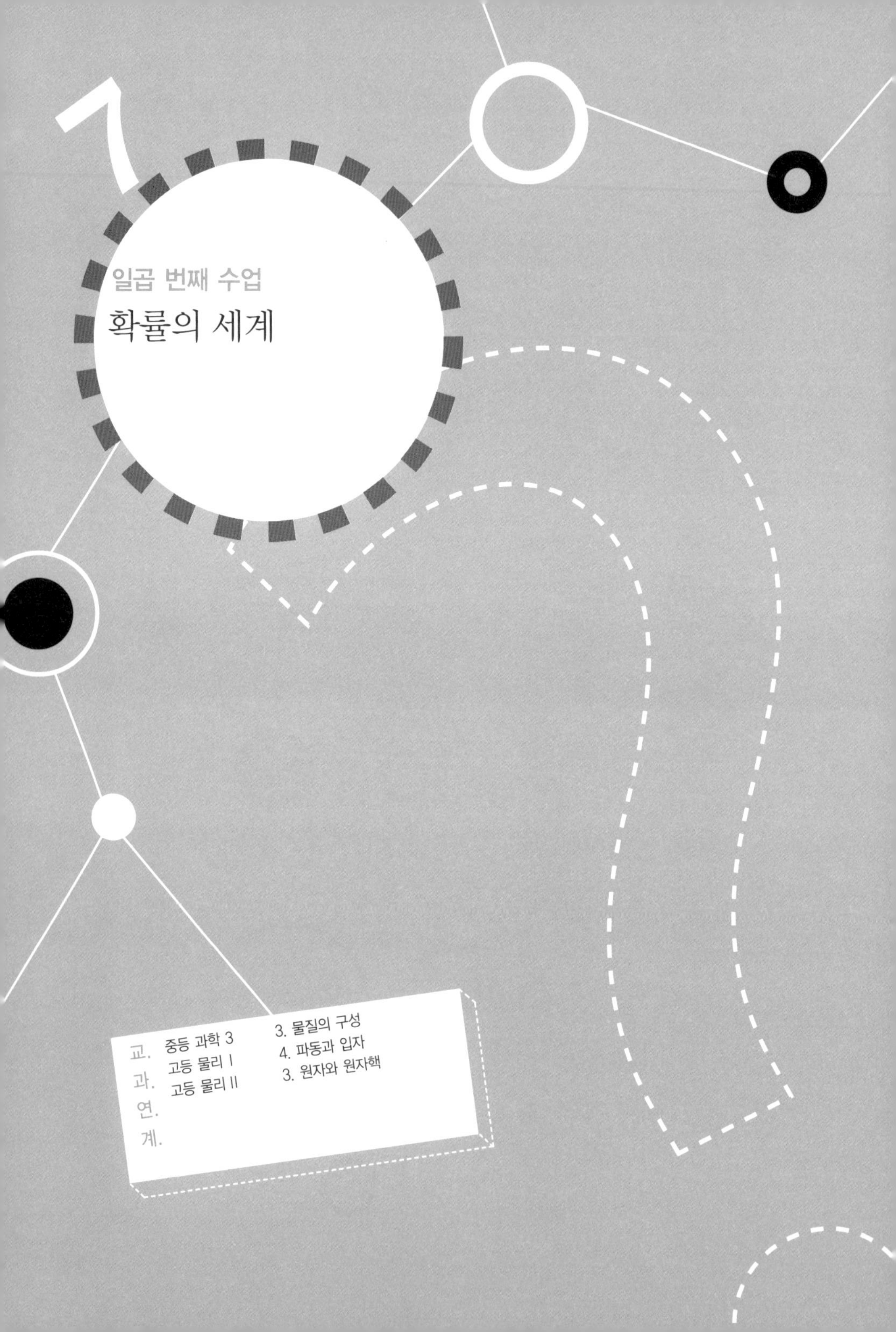
7
일곱 번째 수업
확률의 세계
교.과.연.계.
중등 과학 3 3. 물질의 구성
고등 물리 I 4. 파동과 입자
고등 물리 II 3. 원자와 원자핵

슈뢰딩거가 톰킨스 씨 이야기로 일곱 번째 수업을 시작했다.

톰킨스 씨라는 사람의 이름을 들어 본 적이 있나요? 톰킨스 씨는 러시아 출신으로 미국에서 활동했던 조지 가모라는 학자가 쓴 《신비한 나라의 톰킨스》라는 책과 《톰킨스 씨, 원자를 탐구하다》라는 책에 나오는 주인공 이름입니다.

이 책들은 톰킨스 씨가 상대론과 양자 물리학의 세계와 같이 우리가 경험해 볼 수 없는 세상을 여행하면서 겪은 이상한 이야기들을 소개한 책들입니다. 따라서 이 책들은 상대론이나 양자 물리학을 이해하는 데 많은 도움을 주기도 합니다.

가모가 쓴 책에는 기록되어 있지 않은 톰킨스 씨의 여행 이

야기를 하나 해 보기로 하지요.

상대성 이론이 예측하는 이상한 일들이 실제로 벌어지는 신비한 나라와 원자 나라를 여행하고 돌아온 톰킨스 씨는 어느 날 다시 여행을 떠났습니다. 이번에는 신비한 나라나 원자 나라처럼 특별한 나라를 다녀오는 것이 아니라 잠시 휴식을 취하기 위해 게임 왕국을 다녀오기로 했습니다. 게임 왕국은 카지노를 비롯한 갖가지 도박장들이 모여 있는 도시 국가로 도박과 휴식을 원하는 사람들이 전 세계에서 몰려와 일 년 내내 북적대는 곳이었습니다.

게임 왕국에 도착한 톰킨스 씨는 우선 호텔에 여장을 풀고 도시를 구경하기로 했습니다. 게임 왕국은 소문처럼 화려한 도시였습니다. 카지노들이 즐비한 거리는 게임 왕국이라는 이름에 걸맞게 화려했습니다. 또 거리에는 전 세계에서 온 피부색이 다른 수많은 사람들이 넘쳐나고 있었습니다. 거리를 구경하고 난 톰킨스 씨는 카지노에 들러 잠시 동안 게임을 했습니다. 많은 돈을 가지고 있지 않았던 톰킨스 씨는 곧 가지고 있던 돈을 모두 잃고 말았습니다.

톰킨스 씨가 카지노를 나와 호텔로 돌아가고 있을 때였습니다. 어떤 사람이 다가와 톰킨스 씨에게 말을 걸었습니다.

"혹시 톰킨스 씨 아니십니까? 신비한 나라와 원자 나라에 다녀오신……."

톰킨스 씨는 깜짝 놀랐습니다. 이렇게 낯선 곳에서도 자신을 알아보는 사람이 있었으니까요.

"아니, 저를 어떻게 아십니까?"

"선생님 이야기를 책에서 읽었거든요. 신비한 나라와 원자 나라에서 여러 가지 새로운 경험을 하셨더군요."

"그랬었지요. 이상한 일들이 하도 많이 일어나서 여행하는 동안은 계속 정신이 없었습니다."

"게임 왕국에 와서는 재미있는 일들을 많이 겪으셨습니까?"

"아직 아니에요. 조금 전에 도착했거든요. 이제 겨우 시내 구경을 조금 하고 카지노 한 군데를 들렀을 뿐입니다."

"카지노에서는 돈을 많이 따셨나요?"

"아니에요. 가지고 있던 돈을 모두 잃었어요. 도박에는 워낙 소질이 없어서요. 그래서 호텔로 돌아가는 길입니다."

"아니, 벌써 호텔로 돌아가시다니요. 모험을 좋아하시는 톰킨스 씨가 그럴 수는 없지요. 괜찮으시다면 제가 멋진 곳으로 모시겠습니다."

"하지만 가지고 있던 돈이 다 떨어져서……."

"돈은 염려하지 마세요. 그저 모험을 좋아하시기만 하면 됩니다. 대단한 경험이 될 것입니다. 잘하면 큰돈을 벌 수도 있을 거예요. 아마 집으로 돌아가신 다음에는 세 번째 책을 쓰고 싶어지실 겁니다."

돈을 벌 수 있다는 말에는 관심이 없었지만 재미있는 모험이라는 이야기를 듣자 톰킨스 씨는 마음이 움직였습니다. 다른 사람이 하지 않으려는 모험을 스스로 나서서 하는 걸 좋아했기 때문이었습니다. 사실 신비한 나라나 원자 나라에 갈 수 있었던 것도 톰킨스 씨가 가모 박사에게 부탁했기 때문이었습니다. 신비한 나라로 여행할 사람을 구한다는 이야기를 전해 들은 톰킨스 씨는 가모 박사를 찾아가 자기가 가겠다고 부탁했습니다. 가모 박사는 처음에는 젊은 학생을 보내려고 했었지만 톰킨스 씨가 간곡하게 부탁하는 바람에 톰킨스 씨를 보낼 수밖에 없었습니다. 그런 톰킨스 씨가 색다른 경험을 할 기회를 마다할 리가 없었습니다. 아니 오히려 새로운 모험에 설레었습니다. 톰킨스 씨는 그에게 말했습니다.

"그렇다면 좋습니다. 모험을 나보다 더 좋아할 사람은 아마 없을 겁니다. 모험이라면 톰킨스라고 할 수 있지요."

"그러실 줄 알았습니다. 신비한 나라 여행 이야기를 읽으면서 톰킨스 씨라면 이 모험을 좋아하실 줄 알았습니다. 그럼 가시지요. 이쪽입니다."

그렇게 말하고는 그는 앞장서서 성큼성큼 걸어갔습니다. 가로등과 네온사인이 휘황찬란한 거리를 지나 어두컴컴한 골목으로 들어섰습니다. 그리고 어떤 대문 앞에서 멈추었습니다. 그는 톰킨스 씨에게 말했습니다.

"톰킨스 씨, 여기입니다. 문을 열고 들어가 보세요. 새로운 세계가 기다리고 있을 것입니다."

"당신은 같이 가지 않나요?"

"이곳 규칙은 한 사람만 들어간다는 것입니다. 그리고 모든 문제는 혼자서 해결해야 합니다. 지금이라도 마음이 내키지 않으신다면 돌아가셔도 됩니다."

톰킨스 씨는 잠시 망설였습니다. 하지만 여기까지 와서 돌아갈 수는 없다고 생각했습니다. 신비한 나라에도 다녀온 톰킨스 씨였으니까요. 마음을 결정한 톰킨스 씨는 단호하게 말했습니다.

"아닙니다. 제가 들어가겠습니다. 안내해 주셔서 감사합니다."

"그럼, 행운을 빌겠습니다."

그리고 그 사람은 어둠 속으로 사라져 버렸습니다.

톰킨스 씨는 문을 열고 안으로 들어갔습니다. 문을 열고 들

어가자 갑자기 밝은 세상이 나타났습니다. 그러고는 커다랗게 '확률 나라에 오신 것을 환영합니다. 이제부터 당신의 운명은 확률에 달렸습니다.'라고 써 있는 간판이 나타났습니다. 톰킨스 씨는 확률의 세계라는 말에 더욱 호기심이 생겼습니다. 그래서 간판 밑에 있는 또 다른 문을 열고 다시 안으로 들어갔습니다. 들어갔더니 안은 넓은 방이었고 아주 호화롭게 장식되어 있었습니다. 방 한가운데는 큰 소파가 있었고, 소파 뒤로는 여러 가지 물건들이 준비되어 있었습니다.

톰킨스 씨는 3개의 탁자 위에 준비되어 있는 물건들을 차례로 살펴보았습니다. 우선 첫 번째 탁자 위에 준비되어 있는 온갖 종류의 술과 안주가 눈에 들어왔습니다. 다음 탁자 위에는 여러 가지 음식이 차려져 있었고, 그 다음 탁자에는 수백 가지나 되는 영화 비디오테이프와 음악 CD가 잘 정리되어 있었습니다. 그리고 벽에는 커다란 책꽂이에 책들이 가득했습니다. 모든 것이 갖추어져 있는 방이었습니다. 톰킨스 씨는 처음에 모험이라는 말을 듣고 대단히 어려운 일을 겪을 줄 알았는데 방 안 풍경은 그가 상상했던 어려운 일들과는 아무 관계가 없는 것 같아 안심이 되었습니다.

물건들을 돌아본 톰킨스 씨는 소파에 앉았습니다. 그때 한쪽 벽면이 열리더니 둥글고 작은 물체를 실은 작은 수레가 저

절로 안으로 들어왔습니다. 그러고는 문이 다시 자동으로 닫혔습니다. 볼링공처럼 생긴 둥근 물체는 폭탄처럼 보이기도 했습니다. 이건 뭘까 하고 의아하게 생각하는 사이 벽에 붙어 있는 스피커에서 목소리가 들려왔습니다.

"톰킨스 씨, 확률 나라에 오신 것을 환영합니다. 오늘 당신은 세상에서 가장 흥미있는 게임의 주인공이 되신 것입니다. 당신이 할 일은 방 안에서 1시간 동안 마음 푹 놓고 즐기는 것입니다. 이미 살펴보셨겠지만 방 안에는 모든 것이 다 갖추어져 있습니다. 다른 사람과 같이 있을 수 없다는 것이 조금 아쉽지만 그것은 게임의 규칙이므로 어쩔 수 없습니다.

그럼 이제부터 게임의 내용을 설명해 드리겠습니다. 조금 전에 방 안으로 보낸 물체는 짐작하신 대로 폭탄입니다. 폭탄이 터지면 독가스가 나와 당신은 죽게 됩니다.

폭탄이 언제 터질지는 아무도 모릅니다. 다만 몇 분 후에 터질지 확률을 계산할 수 있을 뿐입니다. 우리의 계산에 의하면 이 폭탄이 1시간 안에 터질 확률은 꼭 50%입니다. 그러니까 당신이 1시간 후에 살아 있을 확률은 50%인 것입니다. 물론 죽을 확률도 50%입니다. 일단 방으로 들어간 이상 당신은 1시간 전에는 밖으로 나올 수 없습니다. 밖에서도 당신이 죽었는지 살았는지 알 수가 없습니다. 게임이 끝난 후에 당신이 죽었다면 언제 죽었는지 녹화 테이프를 통해 확인할 수 있을 뿐입니다.

지금 밖에는 많은 사람들이 당신이 언제 죽을지를 놓고 내기를 걸고 있습니다. 어떤 사람들은 10분 안에 죽을 것이라는 데 돈을 걸었고, 어떤 사람들은 20분 안에 죽을 것이라는 데 돈을 걸었으며, 어떤 사람들은 30분, 그리고 40분, 50분 안에 죽을 것이라는 데 돈을 걸었습니다. 물론 1시간 후까지 살아 있을 것이라는 데 돈을 건 사람도 있습니다. 만약 당신이 1시간 후까지 살아 있다면 당신은 내기에 이긴 사람들이 받을 돈의 반을 받게 됩니다. 따라서 당신은 1시간 후까지 살아 있기만 하면 큰돈을 벌 수도 있습니다. 1시간 안에 죽는다면 이곳에서 있었던 일은 아무도 모르는 일로 비밀에 부쳐질 것입니다.

자, 그러면 방 안에 준비된 것들을 즐기시면서 다시는 겪지 못할 스릴을 만끽하시기 바랍니다. 벽에 걸려 있는 전광판에는 경과 시간이 나타나고, 그 아래에는 당신이 살 확률과 죽을 확률이 숫자로 표시되게 됩니다. 시간이 지남에 따라 살 확률은 줄어들고 죽을 확률이 커질 것입니다. 살아 있을 확률과 죽었을 확률이 모두 50%가 되는 순간 게임이 끝나게 되고, 그때까지 살아 있다면 당신은 부자가 되는 것입니다. 밖에서는 이 전광판의 숫자만을 보고 우리의 최고 고객들이 당신에게 돈을 걸게 되는 것입니다. 그럼 이제 게임을 시작하겠습니다."

스피커에서 나오는 이야기를 듣는 동안 톰킨스 씨는 가슴이 두근거렸습니다. 자신이 나쁜 사람들에게 이용당하고 있다는 것을 알게 되었기 때문이었습니다. 하지만 이제 어쩔 수 없다는 생각도 들었습니다. 여기까지 온 이상 이 사람들이 순순히 놓아줄 리가 없다는 생각이 들었기 때문이었습니다. 아마 보통 사람이 이런 이야기를 들었다면 그 자리에서 기절을 했을지도 모릅니다. 하지만 모험의 달인인 톰킨스 씨는

상황을 냉정하게 파악했습니다. 이것이 게임의 왕국에서 비밀리에 진행되는 최고의 게임일 것이라고 생각했습니다.

스피커에서 나오던 소리가 멈추자 벽에 걸려 있는 전광판이 켜졌습니다. 그리고 전광판 위에 있는 시계가 움직이기 시작했습니다. 시계를 따라 전광판의 숫자도 움직이기 시작했습니다. 한쪽은 100부터 작아지기 시작했고, 다른 한쪽은 0부터 커지기 시작했습니다. 그러니까 작아지는 숫자는 살 확률을 나타내는 것이고, 커지는 숫자는 죽을 확률을 나타내는 숫자였던 것입니다.

톰킨스 씨는 폭탄을 살펴보았습니다. 단단한 껍질에 싸여 있어 두드려도 아무 반응이 없었습니다. 톰킨스 씨의 이마에는 땀이 맺히기 시작했습니다. 하지만 째깍거리는 시계 소리를 들으며 가슴 졸이는 것 외에 그가 할 수 있는 일은 아무 것도 없었습니다. 그래서 차라리 이렇게 된 이상 즐기면서 1시간을 보내기로 했습니다. 역시 톰킨스 씨다운 생각이었지요. 그래서 우선 음식과 술을 먹기 시작했습니다. 그러는 동안에도 시간은 흘러가고 있었습니다. 음식을 먹다가도 시계 소리가 들리면 온몸에 소름이 끼쳤습니다.

그래서 음악을 크게 틀었습니다. 그러자 이제 시계 소리는 들리지 않았습니다. 하지만 전광판의 숫자는 어쩔 수 없었습니다. 이제 한쪽 숫자는 90이 되었고 다른 쪽 숫자는 10이 되었습니다. 밖에서는 이것을 보고 톰킨스 씨가 살 확률이 이제는 90%라고 생각할 것입니다. 이제 곧 죽을 확률이 20%로 높아질 것이고, 점점 죽을 확률은 높아질 것입니다. 이런 생각을 하다 보니 참 이상하다는 생각이 들었습니다.

방 안에 있는 자신은 죽었거나 살았거나 둘 중의 하나입니다. 하지만 밖에 있는 사람들은 자신이 조금씩 죽어 가고 있는 것으로 판단할 것이라는 생각이 든 것이었습니다. 10% 죽었다, 20% 죽었다고 하는 그들의 판단은 맞는 것일까요? 방 안을 들여다볼 수 없는 그들로서는 더 나은 판단을 할 방법도 없을 것입니다.

하지만 세상에 10% 죽었거나 20% 죽은 사람은 없고, 죽거나 살거나 두 가지 중에 하나일 뿐이었습니다. 자신은 확실히 알고 있는 일을 그들은 알 수 없으니까 확률로 나타낼 수밖에는 없을 거라는 생각이 들었습니다. 진실을 알지 못하고 확률에 매달려 있는 그들이 불쌍하다는 생각이 들기도 했습니다.

곧 죽을지도 모르는 톰킨스 씨가 밖에서 자신의 죽음을 가지고 돈 내기를 하고 있는 사람들을 불쌍하게 생각하다니 말도 안 되지요? 그게 톰킨스 씨의 매력입니다. 톰킨스 씨는 두

려움을 모르는 사람이기 때문입니다.

이 게임 후 톰킨스 씨가 어떻게 되었는지는 아무도 모릅니다. 어떤 사람들은 톰킨스 씨가 1시간 안에 죽어서 게임이 끝났다고 하기도 하고, 어떤 사람들은 톰킨스 씨는 죽지 않고 살아서 부자가 된 후 먼 나라에 가서 잘살고 있다고 주장하기도 했습니다. 하지만 그 어느 이야기도 확인되지 않았습니다. 한때 미국의 FBI가 톰킨스 씨의 행방을 수소문해 보기도 했지만 톰킨스 씨를 찾아내지는 못했습니다.

나도 톰킨스 씨가 어떻게 되었는지는 모릅니다. 다만 신비한 나라나 원자 나라에서도 살아 돌아온 톰킨스 씨이고 보면 확률 나라에서도 틀림없이 살아 돌아왔을 것이라고 생각하고 있습니다. 요즘 톰킨스 씨를 볼 수 없는 것은 새로운 모험이 없기 때문일 거라고요. 톰킨스 씨는 색다른 모험이 없으면 세상에 나타나는 것을 싫어하거든요.

어쨌든 나는 톰킨스 씨가 갔던 그런 확률 나라에 가고 싶은 마음은 조금도 없습니다. 좋은 음식이 마련되어 있고, 아무리 많은 돈을 벌 수 있다고 해도 목숨을 확률에 맡기는 모험을 하고 싶지는 않습니다. 실제로 그런 위험한 게임을 하는 곳이 있다면 경찰이 가만두지 않을 것입니다. 하지만 톰킨스

씨가 갔던 그런 확률 나라가 있기도 합니다. 바로 슈뢰딩거 방정식으로 표현되는 전자가 바로 그런 것입니다. 오늘은 톰킨스 씨 이야기를 하다 보니 시간이 다 가 버렸네요. 전자에 대한 이야기는 내일 하도록 하겠습니다.

여 덟 번 째 수 업

8

확률과 양자 물리학

슈뢰딩거 방정식이란 어떤 것일까요?

확률과 슈뢰딩거 방정식의 관계에 대해서 알아봅시다.

8

여덟 번째 수업

확률과 양자 물리학

교과연계

중등 과학 3	3. 물질의 구성
고등 물리 I	4. 파동과 입자
고등 물리 II	3. 원자와 원자핵

슈뢰딩거가 양자 물리학의 치명적인 약점에 대한 이야기로 여덟 번째 수업을 시작했다.

여섯 번째 수업에서 양자 물리학에는 치명적인 약점이 있다고 했던 것을 기억하고 있을 거예요. 우선 그 약점이 무엇인지 이야기하겠습니다.

여러분은 과학이 무엇이라고 생각하나요? 과학은 여러 가지로 정의할 수 있겠지만 미래의 상태를 예측하는 일이라고 할 수도 있습니다. 그래서 따지고 보면 점쟁이가 하는 일이나 과학자가 하는 일이 매우 비슷합니다.

과학자가 미래의 상태를 예측하기 위해서는 2가지가 필요합니다. 그중 첫 번째는 현재의 상태를 알아야 한다는 것입니

다. 미래는 현재 상태에서부터 시작하니까요. 그리고 다음에 필요한 것은 물리 법칙입니다. 현재 상태를 물리 법칙에 대입하여 미래에 어떤 일이 벌어질지 예측해 내는 것이 과학자들이 하는 일입니다.

그런데 그런 방법으로 미래를 예측하기 위해서는 물리 법칙을 이용하여 풀어낸 미래의 상태가 하나로 나와야 합니다. 그래야 미래에 어떤 일이 일어날지에 대한 혼란이 적어질 것입니다. 예를 들어 공에 힘을 가했을 때 공이 어떻게 움직일지를 예측하기 위해서는 물리 법칙에 대입하여 공의 속도가 어떻게 변화될지를 계산해 내야 합니다. 그런데 이때 답이 하나가 나와야지 여러 개가 나온다면 공이 어떤 속도로 날아올지 예측할 수 없을 것입니다.

뉴턴 역학에서는 항상 하나의 답만 나옵니다. 따라서 문제를 제대로 풀기만 하면 미래 상태를 예측하는 것은 어려운 일이 아니었습니다. 때로는 문제가 너무 복잡해서 답을 찾아내지 못할 때도 있지만 그것은 문제를 풀어내는 과정의 문제이지 답이 여러 개이기 때문은 아니었습니다.

하지만 내가 만들어 낸 양자 물리학의 슈뢰딩거 방정식은 뉴턴 역학과는 전혀 달랐습니다. 전자가 어떤 상태에 있을 것인지 알아보기 위해 슈뢰딩거 방정식으로 풀어 보면 답이

하나가 아니라 여러 개가 나왔던 것입니다. 이렇게 예측한 미래의 모습이 여러 개라면 미래의 모습을 예측하지 않은 것과 같습니다. 실제로는 미래 모습이 어떻게 변할지 모르는 것과 마찬가지이기 때문입니다. 이것이 바로 내가 제안했던 슈뢰딩거 방정식에 의한 양자 물리학의 가장 큰 약점이었습니다. 이 문제를 해결하지 않고는 양자 물리학이 완성되었다고 할 수 없었습니다. 그래서 우리는 이 문제를 가지고 많은 토론을 벌였습니다.

이 문제를 해결한 사람은 독일의 보른(Max Born, 1882~1970)이라는 과학자였습니다. 보른은 여러 개의 해답들이 실제로 일어날 확률을 계산하는 방법을 제시했습니다.

예를 들어, 전자 하나를 발로 찼을 때 어떤 일이 일어날지를 알아보기 위해 슈뢰딩거 방정식을 풀면 앞으로 날아간다는 답과 우측으로 날아간다는 답, 그리고 좌측으로 나아간다는 답의 3가지가 나온다는 거였습니다. 그것만으로는 전자가 앞으로 움직일지 우측으로 움직일지 아니면 좌측으로 움직일지 예측할 수 없을 것입니다. 하지만 보른은 앞으로 움직일 확률이 얼마이고, 우측으로 움직일 확률이 얼마인지, 그리고 좌측으로 움직일 확률이 얼마인지를 계산하는 방법을 내놓았습니다.

만약 앞으로 움직일 확률이 50%이고, 우측으로 움직일 확률이 25%, 그리고 좌측으로 움직일 확률이 25%라면 우리는 전자의 미래 상태를 다음과 같은 식으로 나타낼 수 있다는 것이었습니다.

$$\text{전자가 날아가는 방향} = \frac{1}{2}\text{앞} + \frac{1}{4}\text{좌} + \frac{1}{4}\text{우}$$

그것은 마치 방 안에 있는 톰킨스 씨의 상태를 밖에 있는 사람들이 시간이 지남에 따라 확률로 나타냈던 것과 비슷하다고 할 수 있습니다.

$$살았을\ 확률\ 90\%일\ 때의\ 톰킨스\ 씨\ 상태 = \frac{9}{10}살았음 + \frac{1}{10}죽었음$$

$$살았을\ 확률\ 50\%일\ 때의\ 톰킨스\ 씨\ 상태 = \frac{5}{10}살았음 + \frac{5}{10}죽었음$$

이것이 양자 물리학을 이용하여 알아낼 수 있는 최선의 답이었습니다. 하지만 이렇게 예측해 놓고도 미래를 예측했다고 할 수 있을까요? 이렇게 확률로 이야기하는 것도 과학이라고 할 수 있을까요?

누가 '전자가 어디로 날아간대?'라고 물었을 때 '앞으로 움직일 확률이 50%, 우측으로 움직일 확률이 25%, 그리고 좌

측으로 움직일 확률이 25%래.'라고 대답했다면 질문했던 사람이 만족할까요? 또 어떤 사람이 '톰킨스 씨는 1시간 후에 어떻게 됐대?'라고 물었을 때 '죽었을 확률은 50%, 살았을 확률이 50%래.'라고 대답한다면 만족할 만한 대답이라고 할 수 있을까요?

자연 법칙은 사람들의 법칙과는 달리 항상 정확해야 합니다. 그렇지 않고서야 자연 법칙이라고 할 수 없지요. 그런데 모든 자연 법칙을 이렇게 확률로 나타낼 수 있다면 그것도 자연 법칙이라고 할 수 있을까요? 그래서 과학자들 중에는 양자 물리학은 과학도 아니라고 생각하고 양자 물리학을 싫어하기도 했습니다. 그런 과학자 중의 대표적인 사람이 아인슈타인입니다.

아인슈타인은 빛이 알갱이의 성질을 가지고 있다는 것을 밝혀내 양자 물리학이 탄생하는 데 많은 공헌을 했던 사람입니다. 하지만 그는 이런 확률 계산을 싫어했습니다. 아인슈타인이 양자 물리학을 빗대어 '신은 주사위 놀이를 하지 않는다.'라고 한 말은 아인슈타인의 생각을 잘 나타내 줍니다. 주사위 놀이란 확률 놀이를 말합니다. 주사위를 던졌을 때 어떤 숫자가 나올지를 예측하는 것은 확률밖에 없거든요. 따라서 아인슈타인의 이 말은 자연 법칙에는 확률이 들어가서는 안 된다는 뜻이었습니다.

아마 여기까지 이야기를 들은 여러분들도 아인슈타인과 같은 생각일 것입니다. 그리고 양자 물리학에 대단히 실망했을지도 모릅니다. 하지만 양자 물리학은 전자의 행동을 설명하고 예측하는 데 대단한 성공을 거두었습니다. 아니, 정확하지도 않은 확률로 미래 상태를 예측하는 양자 물리학이 전자의 행동을 정확하게 예측했다는 것은 무슨 뜻일까요?

만약 전자가 1개만 있다면 양자 물리학으로 전자가 어떻게 움직일지 정확하게 예측하는 것은 불가능했을 것입니다. 바깥에 있는 사람들이 지금 톰킨스 씨가 어떻게 되었는지 예측할 수 없는 것과 마찬가지지요. 하지만 전자가 아주 많이 있다면 사정은 달라질 것입니다. 전자가 1,000개 있다면 그중 500개는 앞으로 가고, 250개는 우측으로 가고, 나머지 250개는 좌측으로 간다고 할 수 있습니다. 그러면 그러한 예측은 어느 정도 맞겠지요. 하지만 어느 정도 맞는 것으로는 자연 법칙이라고 할 수 없습니다. 자연 법칙이라고 하려면 100% 확실해야 하니까요.

수많은 실험에 의하면 전자에 대한 예측은 100% 정확합니다. 그것은 전자의 수가 1,000개가 아니라 셀 수 없을 정도로 많기 때문입니다. 작은 금속 조각 속에 들어 있는 전자의 수

만 해도 1억을 여러 번 곱해야 할 정도로 많은 수의 전자가 들어 있습니다. 이렇게 많은 전자를 가지고 실험을 해 보면 확률 계산이 예측한 것과 정확히 일치하는 결과가 항상 나오지요. 따라서 확률 계산이 마음에 들지 않더라도 충분히 자연 법칙이라고 할 수 있습니다.

만약 누가 톰킨스 씨가 1시간 후에 어떻게 되었느냐고 묻는다면 문을 열고 확인하기 전까지는 정확하게 대답해 줄 방법이 없을 것입니다. 살아 있을 확률은 50%이고, 죽었을 확률도 50%라는 대답은 대답이라고 할 수도 없지요. 그것은 내일 날씨가 어떨 것 같냐고 묻는 사람에게 비가 오지 않으면 맑겠다고 대답하는 것과 마찬가지일 테니까요.

하지만 만약 톰킨스 씨가 여러 사람이라면 사정은 달라집니다. 100명의 사람이 이런 게임을 했다면 우리는 50명은 살아 있고 50명은 죽었다고 할 수 있을 것입니다. 이것은 정확한 대답은 아닐지 몰라도 어느 정도 맞는 대답일 거예요. 하지만 만약 1,000억 명의 사람이 1,000억 개의 방에 들어가 이런 확률 게임을 했다면 우리는 자신 있게 500억 명은 살아 있고, 500억 명은 죽었다고 대답할 수 있을 것입니다.

양자 물리학은 우리에게 익숙한 뉴턴 역학과는 다른 방법으로 미래 상태를 분석하고 예측하기 때문에 쉽게 이해가 되지 않을 수도 있습니다. 더구나 양자 물리학이 주로 다루는 것은 우리가 직접 경험할 수 없는 아주 작은 세계의 일들이기 때문에 더욱 이해하기가 힘듭니다. 하지만 이렇게 작은 세계에서 일어나는 일들은 이제 우리의 일상생활에도 많은 영향을 미치고 있습니다.

양자 물리학은 전자와 같이 작은 세계의 일들을 우리에게 알려 주고 있습니다. 그리고 원자와 분자들이 어떻게 결합하여 여러 가지 물질을 만들어 내는지, 생명체 속에서 어떤 일들이 일어나고 있는지를 설명해 주고 있습니다. 그래서 따지고 보면 양자 물리학은 우리와는 관계없는 아주 작은 세계에서 일어나는 일하고만 관계되는 학문이 아닙니다.

지금까지 한 이야기들을 다시 한 번 정리해 볼까요? 처음에 우리는 에너지가 알갱이로 되어 있다는 이야기부터 시작했습니다. 에너지가 알갱이로 되어 있다는 말은 에너지가 연속된 것이 아니라 불연속적인 양이라는 뜻입니다. 따라서 양자 물리학은 전자같이 작은 입자들이 가지는 불연속적인 에너지를 다루는 물리학이라고 할 수 있습니다. 물론 에너지만 불연속적인 양인 것은 아닙니다. 운동량과 회전 운동량 같은 다른 것들도 모두 불연속적인 양이지요. 불연속적인 양이라는 것은 모든 값을 가질 수 있는 것이 아니라 띄엄띄엄한 값

만 가질 수 있다는 뜻입니다.

이렇게 불연속적인 물리량들을 다루기 위해서는 전자를 입자가 아니라 파동으로 취급해야 합니다. 전자와 같은 알갱이(입자)들은 알갱이의 성질과 함께 파동의 성질도 가지고 있으므로 파동으로 취급하는 것이 가능하다는 이야기는 앞에서 자세히 했습니다. 전자 같은 작은 입자들을 파동으로 취급해서 파동 방정식으로 다룬 것이 내가 만든 슈뢰딩거 방정식입니다.

여러분들에게 슈뢰딩거 방정식의 아름다운 식을 보여 주지 못하는 것이 아쉽지만 후에 대학에 진학하면 만나게 될 테니까 조금만 참으세요. 그러니까 여기까지 이야기를 한마디로 정리하면 양자 물리학이란 불연속적인 물리량을 파동함수를 이용하여 다루는 물리학이라고 할 수 있습니다.

하지만 아직 양자 물리학의 가장 중요한 특징 중의 하나가 남아 있습니다. 그것은 슈뢰딩거 방정식을 풀어서 나온 해답을 확률적으로 해석한다는 것입니다. 톰킨스 씨의 상태를 확률적으로 예측하는 것과 마찬가지지요. 이러한 확률적 예측은 수없이 많은 작은 입자들의 행동을 나타내는 데 매우 효과적이라는 것이 밝혀졌습니다. 따라서 확률 이야기까지 포함하여 양자 물리학을 다시 말한다면, 양자 물리학은 불연속적인 물리량을 파동 방정식인 슈뢰딩거 방정식을 이용하여 다루고 그 결과를 확률적으로 해석하는 물리학이라고 할 수 있습니다.

이제 양자 물리학이 무엇인지 잘 정리가 되었나요? 물론 아직 마음에 썩 들지 않을 거예요. 슈뢰딩거 방정식을 구경도 하지 못했으니까요. 그리고 불연속적인 물리량이니 확률이니 하는 이야기도 그렇게 잘 이해되지도 않았을 테고요. 하지만 지금까지 설명한 내용만 알아도 이미 좋은 출발을 한 셈입니다. 마음에 흡족하지 못한 부분들은 앞으로 공부하면서 보충해 나가면 되겠지요.

만화로 본문 읽기

전자의 상태를 알기 위해서 선생님이 만드신 슈뢰딩거 방정식으로 풀어 보면 답이 하나가 아니라 여러 개가 나오잖아요?
그렇지요.

그럼 답이 여러 개이니까 전자의 상태를 예측할 수 없잖아요?
그게 내가 만든 방정식의 가장 큰 약점이지요.
죽었을 확률 50%
살았을 확률 50%
죽었다는 거야 살았다는 거야?

그래서 나는 보른이라는 과학자와 많은 토론을 벌였고, 보른은 여러 개의 해답들이 실제로 일어날 확률을 계산하는 방법을 제시했지요.
예를 들어 설명해 주세요.
답이 여러개야
어떻게든 한개의 답을 구해야돼

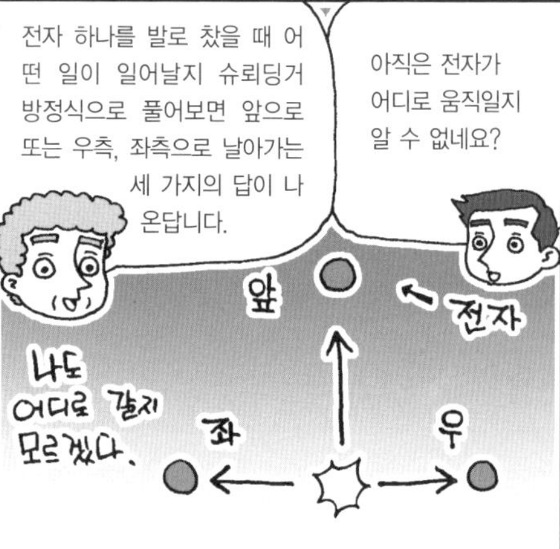
전자 하나를 발로 찼을 때 어떤 일이 일어날지 슈뢰딩거 방정식으로 풀어보면 앞으로 또는 우측, 좌측으로 날아가는 세 가지의 답이 나온답니다.
아직은 전자가 어디로 움직일지 알 수 없네요?
앞
전자
나도 어디로 갈지 모르겠다.
좌
우

그래서 보른은 앞으로 움직일 확률과 우측, 좌측으로 움직일 확률이 각각 얼마인지를 계산하는 방법을 알아냈지요.
만약 앞으로 움직일 확률이 50%, 우측으로 25% 그리고 좌측으로 25%이면요?
50%
25%
25%
전자

전자 1개에 대해서는 이렇게밖에 예측할 수 없지만 실제로 전자의 수는 많기 때문에 훨씬 더 정확하게 예측할 수 있지요.
확률 계산을 통해 전자의 위치를 예측할 수 있군요.
전자가 날아가는 방향
$= \frac{1}{2}$앞 $+ \frac{1}{4}$좌 $+ \frac{1}{4}$우

마지막 수업

불확정성의 원리

자연 법칙은 어떻게 설명할 수 있을까요?
자연 법칙과 불확정성의 원리에 대해서 알아봅시다.

9

마지막 수업

불확정성의 원리

교과연계.		
	중등 과학 3	3. 물질의 구성
	고등 물리 I	4. 파동과 입자
	고등 물리 II	3. 원자와 원자핵

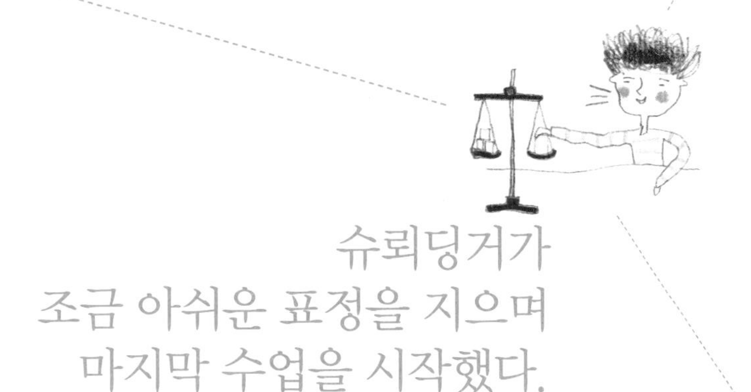

슈뢰딩거가 조금 아쉬운 표정을 지으며 마지막 수업을 시작했다.

물리학에서 가장 중요한 일은 여러 가지 양들을 측정하는 것입니다. 길이를 측정하지 않고, 시간을 측정하지 않고, 질량을 측정하지 않고는 물리학을 공부할 수도 없고 연구할 수도 없습니다. 물리학이란 이런 양들 사이의 관계를 밝혀내는 학문이기 때문입니다. 하지만 물리량을 측정하는 것은 생각처럼 쉬운 일이 아닙니다.

길이를 측정하는 것을 예로 들어 볼까요? 여기 길이가 한 뼘쯤 되는 막대기가 있습니다. 이 막대기의 길이를 측정하기 위해서는 자가 필요할 거예요. 여러분 가방 속에는 여러 가

지 모양의 자가 있을 거예요. 그 자로 막대기의 길이를 측정한다고 생각해 보세요. 우리가 흔히 볼 수 있는 삼각자로 막대기의 길이를 측정했다고 가정해 볼까요? 삼각자의 눈금이 정확하다고 해도 막대기의 길이를 측정하는 데는 한계가 있습니다.

삼각자에는 눈금이 매겨져 있는데 이 눈금보다 더 정확하게 길이를 측정할 수는 없기 때문입니다. 만약 눈금의 최소 단위가 1mm라면 우리가 측정할 수 있는 길이는 mm까지입니다. 그것은 우리가 측정한 막대기의 길이는 그렇게 정확하지 않다는 것을 뜻합니다. 그러니까 적어도 0.1mm 정도의 오차가 있다는 것입니다. 물론 우리가 살아가는 데는 이 정도의 오차가 큰 문제가 되지 않습니다. 하지만 과학 연구에서는 이런 작은 수치라도 매우 중요합니다.

그리고 이 정도의 오차가 생긴다는 것은 삼각자로는 몇 mm보다 작은 길이는 측정할 수 없다는 뜻이기도 합니다. 세상에는 현미경으로 보아야 겨우 볼 수 있는 작은 물체도 얼마든지 있습니다. mm의 단위만 표시되어 있는 자로는 이렇게 작은 물체의 크기를 측정할 방법이 없습니다. 물론 현미경에도 눈금이 달려 있어서 이보다 작은 길이를 측정할 수는 있지만 현미경으로도 보이지 않는 아주 작은 물체의 길이는 측정할 수 없습니다.

오랫동안 과학자들은 눈에 보이지도 않는 작은 물체의 길이도 기술이 발달하면 언젠가는 측정할 수 있게 될 것이라고 생각했습니다. 측정 기술이 발달함에 따라 오차가 작아지다 보면 아주 작은 물체의 크기도 정확하게 측정할 수 있을 것이라고 생각한 것입니다. 아마 여러분 중에도 그렇게 생각하는 사람들이 많을 거예요.

하지만 양자 물리학이 성립되자 그것이 가능하지 않다는 것이 밝혀졌습니다. 우리는 앞에서 전자같이 작은 입자는 파동의 성질과 알갱이의 성질을 모두 갖는다는 이야기를 했습

니다. 전자의 운동을 분석해 낼 수 있었던 것은 전자가 파동의 성질을 가지기 때문입니다. 물론 전자의 파동은 바다의 파도에서 볼 수 있는 것처럼 계속 이어지는 파동은 아닙니다. 총소리처럼 한 덩어리가 되어 날아가는 파동이지요. 즉, 하나의 에너지 덩어리라고도 할 수 있습니다. 그리고 전자도 그런 에너지 덩어리로 볼 수 있다는 것입니다.

그런데 전자가 이렇게 파동의 성질을 가지다 보니 전자의 크기를 정확하게 측정하는 것이 가능하지 않았습니다. 보어와 함께 양자 물리학을 연구했던 독일의 물리학자 하이젠베르크(Werner Karl Heisenberg, 1901~1976)는 전자 같은 작은 입자들이 가지는 파동의 성질 때문에 이렇게 작은 입자들의 물리량을 정확하게 측정하는 데는 한계가 있다는 것을 밝혀냈습니다. 그러니까 아무리 측정 기술이 발달한다고 해도 전자의 크기를 측정하는 데는 어느 정도의 오차가 있을 수밖에 없다는 것이지요. 이것을 불확정성의 원리라고 합니다.

조금 더 정확하게 말하면 전자의 위치와 전자의 운동량을 동시에 측정하면 어느 정도 이상의 오차가 항상 있을 수밖에 없다는 것입니다. 왜 하필 위치와 운동량을 동시에 정확하게 측정할 수 없느냐고 질문하는 학생도 있을 거예요. 하지만 그것을 더 자세히 설명하기는 어렵겠습니다. 수학을 빼고 설명하면 자세한 설명이 되지도 않을 것이고, 오히려 혼동만 생길 수 있으니까요. 그냥 전자가 가지는 파동의 성질 때문에 그런 현상이 나타난다고 알아 두는 것으로 충분할 것입니다.

전자의 위치와 운동량을 동시에 측정할 때만 이런 오차가 생기는 것은 아닙니다. 시간과 에너지를 동시에 측정할 때도 이런 오차가 생기지요. 이것은 시간과 관계된 양이나 에너지와 관계된 다른 양들도 동시에 정확하게 측정하는 데는 한계가 있다는 뜻이기도 합니다. 그런데 우리가 다루는 대부분의 물리량은 시간, 위치, 운동량, 에너지 같은 물리량과 관련되어 있습니다. 따라서 불확정성의 원리를 간단하게 말하면, 대부분의 물리량을 동시에 정확하게 측정할 수 없다는 원리라고 할 수 있습니다.

그렇다면 동시에 측정하지 말고 한 번에 한 가지씩 측정하면 될 것이 아니냐고 질문하는 학생도 있을 것입니다. 하지만 그것은 가능하지 않습니다. 위치를 측정하는 행동이 운동량을 변화시키기 때문입니다. 운동량을 측정하는 동안에 이미 측정해 놓은 치(길이의 단위)가 변하고요. 따라서 한 가지를 먼저 측정해 놓고, 다음에 다른 양을 측정할 때는 이미 먼저 측정한 양은 틀린 양이 되는 것입니다.

불확정성의 원리는 양자 물리학의 등장과 함께 나타난 물리학의 원리입니다. 따라서 양자 물리학이 설명하는 아주 작은 세계를 이해하기 위해서는 꼭 알아야 되는 원리입니다. 그래서 불확정성의 원리를 알기 쉽게 설명하기 위한 많은 비유들이 만들어졌습니다. 그런 예로 빛을 이용해서 전자의 위치와 전자의 운동량을 측정하는 것입니다.

앞에서도 이야기했지만 빛은 파장에 따라 여러 가지 다른 색깔의 빛으로 나누어집니다. 붉은색 빛보다 보라색 빛은 파장이 훨씬 더 짧습니다. 눈에 보이지는 않지만 자외선이나 엑스선도 있는데 이들은 보라색보다도 파장이 더 짧습니다. 만약 전자의 위치를 정확히 측정하려면 파장이 짧은 빛을 이용해야 합니다. 끝이 뭉툭한 막대기로는 아주 작은 알갱이를 정확하게 가리킬 수 없는 것처럼, 파장이 긴 빛으로는 전자의 위치를 정확하게 나타낼 수 없기 때문입니다.

하지만 파장이 짧으면 짧을수록 빛 알갱이의 에너지가 커지게 됩니다. 에너지가 큰 빛이 전자에 부딪히면 전자의 속도가 크게 변하게 됩니다. 따라서 전자의 위치를 측정하는 동안 전자의 운동량을 크게 바꾸어 놓게 되지요. 다시 말해 짧은 파장의 빛을 이용하여 전자의 위치를 측정하면 위치의 오차는 줄어들지만 운동량의 오차는 커진다는 것입니다.

반대로 운동량을 정확하게 측정하기 위해 에너지가 아주 작은 빛, 즉 파장이 긴 빛을 사용하여 전자를 측정하면, 측정하는 동안 전자의 운동량을 변화시키지 않아 운동량의 오차는 줄어들지만, 긴 파장 때문에 위치가 정확히 측정되지 않아 위치를 정확하게 나타내지 못해 위치 오차는 커집니다. 따라서 위치와 운동량을 동시에 정확히 측정할 수는 없습니다.

불확정성의 원리 때문에 생기는 이러한 오차는 우리의 측정 기술 때문에 생기는 것이 아니라 자연이 가지고 있는 성질 때문에 생기는 것이기 때문에 줄일 수 있는 방법이 없습니다. 만약 우리의 측정 기술이 부족해 생기는 오차라면 시간이 가고 기술이 좋아지면 오차를 줄일 수 있을 것이라는 희망을 가져 볼 수 있겠지만 불확정성의 원리에 의한 오차는 그런 것이 아닙니다. 자연이 가지고 있는 중요한 성질 중의 하나이기 때문에 우리로서는 어떻게 할 수 없는 것입니다.

불확정성의 원리에 의한 오차는 아주 작은 것이어서 우리의 일상생활과는 아무 관계가 없다고 생각하는 사람도 있을 것입니다. 하지만 과학자들은 이것이 생각보다 중요하다는 것을 알게 되었습니다. 물리 법칙은 측정된 물리량들 사이의 관계라고 할 수 있습니다. 따라서 물리량이 없으면 물리 법칙도 존재하지 않습니다.

불확정성의 원리가 적용되는 아주 작은 세계에서는 물리량을 정할 수가 없습니다. 왜냐하면 오차보다 작은 물리량은 물리량이라고 할 수 없기 때문입니다. 오차가 0.1mm인 자로 0.0001mm인 물체의 크기를 잿다면 그것을 그 물체의 크기라고 말할 수 없을 것입니다. 이렇게 불확정성의 원리에 의한 오차보다 작은 세계에서는 물리량을 정할 수 없고, 따라서 물리 법칙도 존재하지 않게 됩니다. 그것은 우리가 이렇게 작은 세계에서 일어나는 일들을 제대로 이해할 수 없다는 이야기도 되지요.

이것은 자연 법칙을 열심히 연구하면 언젠가는 자연에 대해 모든 것을 알게 될 것이라고 믿고 있던 많은 사람들의 생각을 바꾸어 놓게 되었습니다. 다시 말해 자연을 대하는 우리의 생각을 바꾸어 놓았다고 할 수 있는 것입니다.

아주 작은 세계는 원자나 전자와 같은 작은 세계에만 있는 것은 아닙니다. 우주에 대한 연구가 처음 시작되었을 때 우주는 아주 작은 세계였습니다. 그리고 이 작은 세계에서 일어난 일들이 우주의 성질을 결정하게 되었습니다. 따라서 작은 세계에서 일어나는 일들을 이해하는 것은 우주의 성질을 이해하는 것이기도 합니다.

초기 우주 말고도 아주 작은 세계는 또 있습니다. 많은 물질이 한 곳에 모여 밀도가 아주 높아지면 중력이 커져서 빛마저도 빠져나올 수 없는 블랙홀이 만들어집니다. 블랙홀은 아주 큰 질량을 포함하고 있지만 그 크기는 아주 작습니다. 따라서 우주가 시작되었을 때 어떤 일이 일어났었는지, 그리고 블랙홀 속에서 어떤 일이 일어나는지를 이해하기 위해서는 불확정성의 원리를 잘 이해해야 합니다.

잘 알려진 천체 물리학자인 호킹 박사는 블랙홀이 모든 물체를 빨아들이기만 하는 것이 아니라 물질을 내놓을 수도 있다는 이론을 제시하고 그런 것을 '블랙홀의 증발'이라고 했습니다. 물이 증발해서 양이 줄어들 듯이 블랙홀도 증발하여 질량이 줄어들 수 있다는 이론이지요. 호킹 박사가 이런 이론을 만들어 낼 수 있었던 것도 불확정성의 원리를 잘 알고 있었기 때문입니다. 블랙홀처럼 크기가 아주 작아지면 더 이상 우리가 알고 있는 물리 법칙이 성립하지 않기 때문에 그런 일도 벌어질 수 있다는 것입니다.

이제 불확정성의 원리가 무엇인지 정리가 되었나요? 불확정성의 원리를 문자 그대로 해석하면 '확실하지 않다.'는 원리입니다. 아주 작은 세계에서는 측정된 물리량이 정확하지 않다는 뜻이지요. 아무리 정확하게 측정해도 피할 수 없는

오차가 있다면 그런 물리량을 정확하다고 할 수는 없기 때문입니다.

물리학의 원리 가운데 물리학에서 다루는 물리량이 정확하지 않다는 원리가 있다는 것이 조금 이해가 안 되지요? 특히 물리학에서는 항상 정확한 양만을 다루고 있다고 생각하는 사람들은 더욱 그럴 것입니다. 하지만 원자보다 작은 세계에서 일어나는 일들은 실제로 이런 원리의 적용을 받고 있습니다.

양자 물리학은 이렇게 우리가 알고 있던 것과는 다른 많은 사실을 알게 해 주었고, 그런 것들은 실험을 통해 모두 확인되었습니다. 그러나 아직 양자 물리학이 완전하다고는 할 수 없습니다. 자연에는 양자 물리학으로도 설명할 수 없는 부분이 아직 많이 있기 때문입니다. 그런 것들을 이해하기 위해서는 양자 물리학을 더욱 발전시키고 양자 물리학을 대신할 더 나은 이론을 만들어 내야 할 것입니다. 그 일을 할 사람들은 지금 공부하고 있는 여러분들이지요.

지금까지 양자 물리학 이야기를 열심히 그리고 즐겁게 들어 주어서 고맙습니다.

만화로 본문 읽기

지금 뭘 하고 있나요?
삼각자로 세포의 크기를 재 보려고요.

밀리미터의 단위까지만 표시되어 있는 삼각자로는 그렇게 작은 물체의 크기를 정확하게 측정할 수 없어요.
측정 기술이 발달하면 아주 작은 물체의 크기도 정확하게 측정할 수 있겠죠?

그렇겠지요. 하지만 아무리 측정 기술이 발달한다고 해도 전자의 크기를 측정하는 데는 어느 정도의 오차가 있을 수밖에 없어요. 이것을 불확정성 원리라고 해요.
불확정성 원리요?
불확정성?
불확실성?

전자가 가지는 파동의 성질 때문에 나타나는 현상인데, 전자의 위치와 운동량을 동시에 정확하게 측정할 수 없다는 것이지요.
알기 쉽게 설명해 주세요.

전자의 위치를 정확히 측정하려면 파장이 짧은 빛을 이용해야 하는데, 파장이 짧을수록 빛에너지는 커지게 되지요. 에너지가 큰 빛이 전자에 부딪치면 전자의 속도가 크게 변하게 된답니다.
그래서요?
쌩~~
전자
빛

전자의 위치를 측정하는 동안 전자의 운동량은 크게 바뀌어 운동량의 오차가 커진다는 것이랍니다.
반대로 운동량을 정확히 측정하기 위해 에너지가 아주 작은 빛을 사용하면 위치를 정확히 측정할 수가 없군요.
팽그르르
Δx
전자
빛

과학자 소개

양자 물리학을 완성시킨 슈뢰딩거Erwin Schrödinger, 1887~1961

오스트리아 빈 출신의 이론 물리학자인 슈뢰딩거는 양자 역학의 성립에 가장 큰 공헌을 한 사람입니다. 1906년 빈 대학에 입학하여 물리학을 공부하기 시작한 슈뢰딩거는 1920년까지 그 대학에서 공부와 연구를 계속했습니다. 제1차 세계 대전 동안에는 군대에 복무하기도 했지만 전쟁이 끝난 후 다시 대학으로 돌아왔습니다.

1924년에 프랑스의 드브로이는 빛이 파동과 입자의 성질을 모두 가지고 있는 것처럼 전자와 같은 입자들도 파동의 성질도 가지고 있을 것이라는 물질파 이론을 발표했습니다. 당시 취리히 대학에 가 있던 슈뢰딩거는 드브로이의 물질파 이론을 받아들여 전자들의 파동을 설명할 수 있는 파동 방정식을 생각해 냈습니다. 이것이 그 유명한 슈뢰딩거 방정식입니다. 슈뢰딩거 방정식은 양자 물리학의 기본 방정식이 되었습니다. 따라서 슈뢰딩거는 양자 물리학의 아버지라고 할 수 있습니다.

그러나 슈뢰딩거는 자신의 방정식이 기초가 된 양자 물리학을 그다지 좋아하지 않았습니다. 다른 물리학자들이 그의 생각과는 다른 방향으로 양자 물리학을 발전시켜 나갔기 때문입니다. 그러나 여전히 슈뢰딩거 방정식은 양자 물리학의 핵심 방정식으로 사용되고 있습니다.

이 밖에도 슈뢰딩거는 과학 철학, 과학사, 생물학에도 많은 관심을 가지고 연구를 했습니다. 그가 쓴《생명이란 무엇인가?》라는 저서는 생물학 발전에 큰 공헌을 한 중요한 저서가 되었습니다. 슈뢰딩거는 1933년 '원자 이론의 새로운 형식 발견'으로 노벨 물리학상을 수상했습니다.

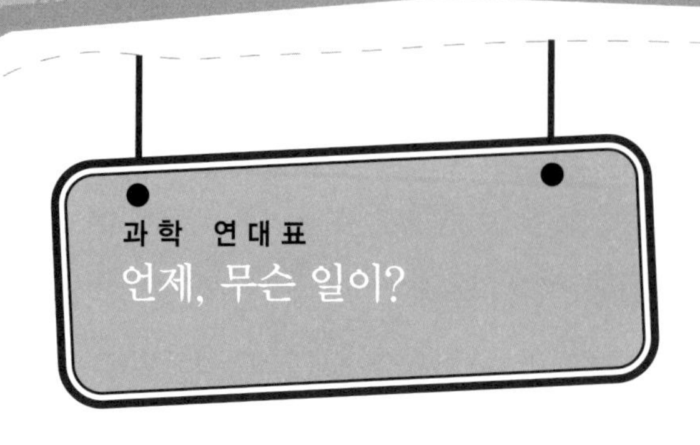
과 학 연 대 표
언제, 무슨 일이?

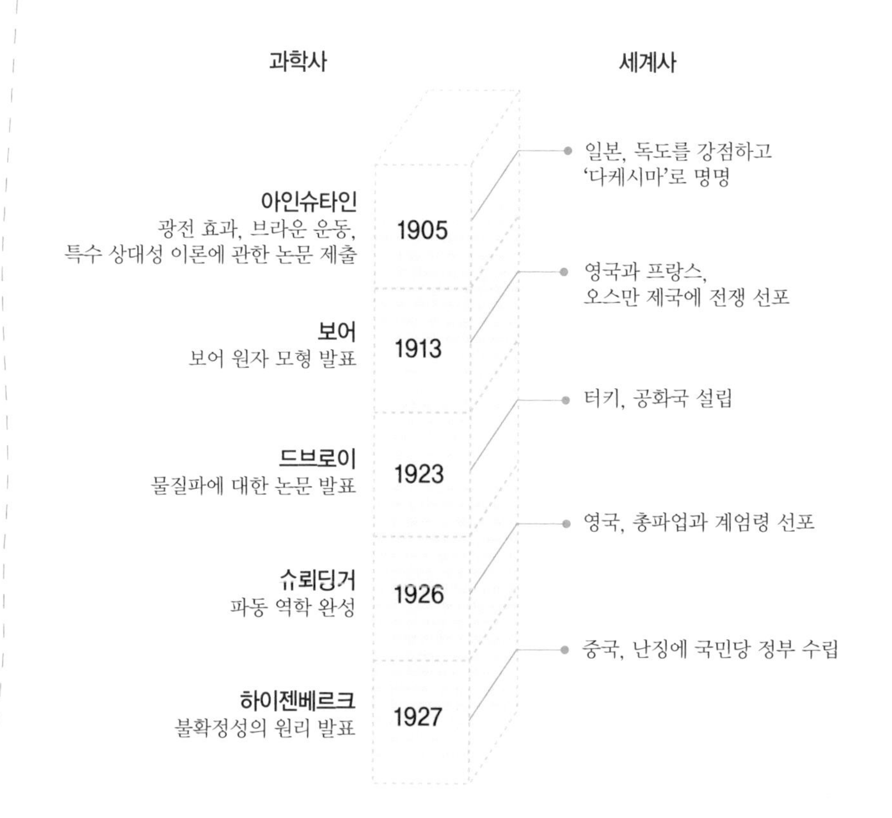
과학사
세계사
아인슈타인
광전 효과, 브라운 운동,
특수 상대성 이론에 관한 논문 제출
1905
일본, 독도를 강점하고
'다케시마'로 명명
보어
보어 원자 모형 발표
1913
영국과 프랑스,
오스만 제국에 전쟁 선포
드브로이
물질파에 대한 논문 발표
1923
터키, 공화국 설립
슈뢰딩거
파동 역학 완성
1926
영국, 총파업과 계엄령 선포
하이젠베르크
불확정성의 원리 발표
1927
중국, 난징에 국민당 정부 수립

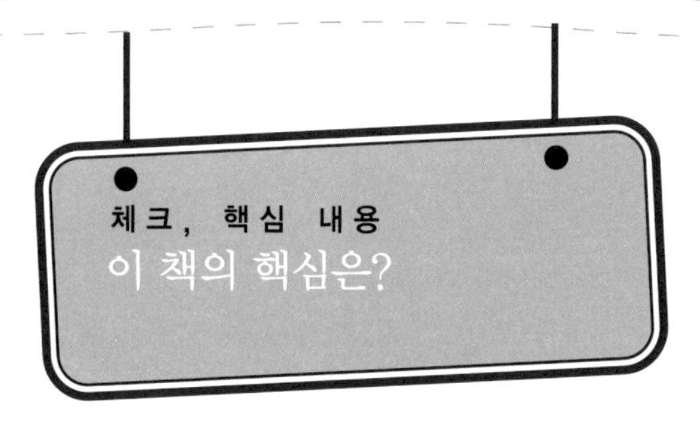

1. 에너지와 같은 물리량은 알갱이로 되어 있다고 합니다. 이렇게 물리량이 알갱이로 되어 있는 것을 □□□ 되어 있다고 말하고, 이런 물리량을 다루는 물리학을 □□ □□□ 이라고 합니다.
2. 빛은 때로는 알갱이처럼 행동하고 때로는 파동처럼 행동합니다. 빛이 가지는 이러한 성질을 □□□ 이라고 합니다. 그런데 이러한 성질은 빛뿐만 아니라 전자와 같은 입자도 가지고 있습니다.
3. 전자와 같은 알갱이도 파동의 성질을 가진다는 것을 알아낸 사람은 □□□□ 였습니다.
4. 양자 물리학은 양자화된 물리량을 파동함수를 이용해 다루고 그 결과를 □□□ 으로 해석하는 물리학입니다.
5. 전자의 위치와 전자의 운동량을 동시에 측정하면 어느 정도 이상의 오차가 있을 수밖에 없는데, 이것을 □□□□ 의 원리라고 합니다.

1. 양자화, 양자 물리학 2. 이중성 3. 드브로이 4. 확률적 5. 불확정성

이슈, 현대 과학

양자 물리학이 이끌어 낸 새로운 세상

1920년대에 세상에 등장한 양자 물리학은 세상에 나온 지 벌써 100년 가까이 되었고, 우리 생활과 밀접한 관계를 가지고 있는 물리학이면서도 아직 대부분의 사람들에게 생소한 분야입니다.

학교에서는 고전 역학이라고 불리는 뉴턴 역학만을 가르치고 있고, 청소년들을 위한 과학책들도 대부분 100년 전 과학 이야기만 다루고 있습니다. 우리 생활에 엄청나게 큰 영향을 주는 양자 물리학이 이렇게 소홀하게 취급되는 이유는 무엇일까요? 그것은 양자 물리학에서 다루고 있는 세상이 우리의 상식으로 이해하기 어려운 세상이기 때문일 것입니다.

우리는 자연 속에서 살면서 자연에 대한 경험을 쌓아 가고, 그러한 경험과 상식을 바탕으로 자연을 이해합니다. 그러나 우리가 직접 경험할 수 없을 정도로 작은 세계에서는 우리의 상식과는 다른 일들이 벌어집니다. 과학자들은 수학이라는 도구를 이용하여 이 세계를 이해하려고 노력해 왔고, 큰 성공을 거두었습니다. 그러나 그것을 말로 설명하기는 매우 어렵습니다.

우선 전자처럼 작은 세계에서는 에너지 알갱이가 중요한 역할을 합니다. 에너지 알갱이가 아주 작기 때문에 우리가 살아가는 세상에서는 별 문제가 되지 않습니다. 그러나 전자와 같은 작은 세계에서는 에너지를 주고받을 때 에너지 덩어리는 중요한 역할을 합니다. 빛이 얇은 종이는 통과하지 못하면서 두꺼운 유리를 잘 통과하는 것은 이 에너지 알갱이 때문입니다. 종이 속 전자들은 빛 에너지를 쉽게 흡수할 수 있지만, 유리 속 전자는 빛 에너지를 흡수할 수 없어 그냥 통과시킵니다. 전자가 어떤 상태에 있느냐에 따라 흡수하거나 내놓을 수 있는 에너지 알갱이의 크기가 달라지기 때문이지요.

또 이런 세상에서는 알갱이와 파동의 구별도 명확하지 않습니다. 어떤 때는 파동처럼 행동하고 어떤 때는 알갱이처럼 행동합니다. 양자 물리학은 이렇게 이상한 세상을 이해하도록 도와주는 물리학입니다.

찾아보기

어디에 어떤 내용이?